智能光电制造技术及应用系列教材

■ 教育部新工科研究与实践项目

■ 财政部文化产业发展专项资金资助项目

激光切割技术及工艺

谢 健 肖 罡 杨钦文 / 编著

湖南大学出版社

· 长沙 ·

内 容 简 介

本书为“智能光电制造技术及应用系列教材”之一，共分两个部分：激光切割基础知识和常用工艺及问题分析。其中，激光切割基础知识包含3个项目（激光切割技术概述、激光切割工艺分析、质量控制影响因素），常用工艺及问题分析包含5个项目（激光切割穿孔工艺、碳钢的切割、不锈钢的切割、铝合金的切割、铜合金的切割）。每个项目后都有相应的练习题，并附答案供读者参考。

本书可作为全国应用型本科及中、高等职业院校相关专业的教材，也可作为激光切割设备操作人员的培训教材。

图书在版编目（CIP）数据

激光切割技术及工艺/谢健，肖罡，杨钦文编著. —长沙：湖南大学出版社，2022.10
智能光电制造技术及应用系列教材
ISBN 978-7-5667-2559-2

Ⅰ.①激… Ⅱ.①谢… ②肖… ③杨… Ⅲ.①激光切割—高等学校—教材 Ⅳ.①TG485

中国版本图书馆CIP数据核字（2022）第112817号

激光切割技术及工艺
JIGUANG QIEGE JISHU JI GONGYI

编　　著：谢　健　肖　罡　杨钦文
策划编辑：卢　宇
责任编辑：张佳佳
印　　装：长沙市宏发印刷有限公司
开　　本：787 mm×1092 mm　1/16　**印　　张：**8.25　**字　　数：**151千字
版　　次：2022年10月第1版　**印　　次：**2022年10月第1次印刷
书　　号：ISBN 978-7-5667-2559-2
定　　价：48.00元

出 版 人：李文邦
出版发行：湖南大学出版社
社　　址：湖南·长沙·岳麓山　**邮　　编：**410082
电　　话：0731-88822559（营销部），88821327（编辑室），88821006（出版部）
传　　真：0731-88822264（总编室）
网　　址：http://www.hnupress.com
电子邮箱：371771872@qq.com

版权所有，盗版必究
图书凡有印装差错，请与营销部联系

系列教材指导委员会

杨旭静　张庆茂　朱　晓　张　璧　林学春

系列教材编委会

主任委员： 高云峰

总　主　编： 陈　焱　胡　瑞

总　主　审： 陈根余

副主任委员： 张　屹　肖　罡　周桂兵　田社斌　蔡建平

编委会成员： 杨钦文　邓朝晖　莫富灏　赵　剑　张　雷

刘旭飞　谢　健　刘小兰　万可谦　罗　伟

杨　文　罗竹辉　段继承　陈　庆　钱昌宇

陈杨华　高　原　曾　媛　许建波　曾　敏

罗忠陆　邱婷婷　陈飞林　郭晓辉　何　湘

王　剑　封雪霁　李　俊　何纯贤

参编单位

大族激光科技产业集团股份有限公司

大族激光智能装备集团有限公司

湖南大族智能装备有限公司

江西科骏实业有限公司

湖南大学

湖南科技大学

江西应用科技学院

湖南铁道职业技术学院

湖南科技职业学院

娄底职业技术学院

总 序

激光加工技术是20世纪能够与原子能、半导体及计算机齐名的四项重大发明之一。激光也被称为世界上最亮的光、最准的尺、最快的刀。经过几十年的发展，激光加工技术已经走进工业生产的各个领域，广泛应用于航空航天、电子电气、汽车、机械制造、能源、冶金、生命科学等行业。如今，激光加工技术已成为先进制造领域的典型代表，正引领着新一轮工业技术革命。

国务院印发的《中国制造2025》重要文件中，战略性地描绘了我国制造业转型升级，即由初级、低端迈向中高端的发展规划，将智能制造领域作为转型的主攻方向，重点推进制造过程的智能化升级。激光加工技术独具优势，将在这一国家层面的战略性转型升级换代过程中扮演无可比拟的关键角色，是提升我国制造业创新能力、打造从中国制造迈向中国创造的重要支撑型技术力量。借助激光加工技术能显著缩短创新产品研发周期，降低创新产品研发成本，简化创新产品制作流程，提高产品质量与性能；能加工出传统工艺无法加工的零部件，增强工艺实现能力；能有效提高难加工材料的可加工性，拓展工程应用领域。激光加工技术是一种变革传统制造模式的绿色制造新模式、高效制造新体系。其与自动化、信息化、智能化等新兴科技的深度融合，将有望颠覆性变革传统制造业，但这也给现行专业人才培养、培训带来了全新的挑战。

作为国家首批智能试点示范单位、工信部智能制造新模式应用项目建设单位、激光行业龙头企业，大族激光智能装备集团有限公司（大族激光科技产业集团股份有限公司全资子公司）积极响应国家“大力发展职业教育，加强校企合作，促进产教融合”的号召，为培养激光行业高水平应用型技能人才，联合国内多家知名高校，共同编写了智能光电制造技术及应用系列教材（包含“增材制造”“激光切割”“激光焊接”三个子系列）。系列教材的编写，是根据职业教育的特点，以项目教学、情景教学、模块化教学相结合的方式，分别介绍了增材制造、激光切割、激光焊接的原理、工艺、设备维护与保养等相关基础知识，并详细介绍了各应用领域典型案例，呈现了各类别激光加工过程的全套标准化工艺流程。教学案例内容主要来源于企业实际生产过程中长期积累的技术经验及成果，相信对读者学习和掌握激光加工技术及工艺有所助益。

系列教材的指导委员会成员分别来自教育部高等学校机械类专业教学指导委员会、中国光学学会激光加工专业委员会，编著团队中既有企业一线工程师，也有来自知名高校和职业院校的教学团队。系列教材在编写过程中将新技术、新工艺、新规范、典型生产案例悉数纳入教学内容，充分体现了理论与实践相结合的教学理念，是突出发展职业教育，加强校企合作，促进产教融合，迭代新兴信息技术与职业教育教学深度融合创新模式的有益尝试。

智能化控制方法及系统的完善给光电制造技术赋予了智慧的灵魂。在未来十年的时间里，激光加工技术将有望迎来新一轮的高速发展，并大放异彩。期待智能光电制造技术及应用系列教材的出版为切实增强职业教育适应性，加快构建现代职业教育体系，建设技能型社会，弘扬工匠精神，培养更多高素质技术技能人才、能工巧匠、大国工匠助力，为全面建设社会主义现代化国家提供有力人才保障和技能支撑树立一个可借鉴、可推广、可复制的好样板。

大族激光科技产业集团

股份有限公司董事长

2021年11月

前 言

早在2006年，激光行业就被列为国家长期重点支持和发展的产业。伴随激光的发展及应用拓展，国家陆续出台规划政策给予支持。2011年，激光加工技术及设备被列为当前应优先发展的21项先进制造高技术产业化重点领域之一；2014年，激光相关设备技术再次被列入国家高技术研究发展计划；2016年，国务院印发的《“十三五”国家科技创新规划》《“十三五”国家战略性新兴产业发展规划》等规划均涉及激光技术的提高与发展；2020年，科技部、国家发改委等五部门发布《加强“从0到1”基础研究工作方案》，将激光制造列入重大领域，要求推动关键核心技术突破，并提出加强基础研究人才培养。

在美、日、德等国家，激光技术在制造业的应用占比均超过40%，该占比在我国是30%左右。在工业生产中，激光切割占激光加工的比例在70%以上，是激光加工行业中最重要的一项应用技术。激光切割是利用光学系统聚焦的高功率密度激光束照射在被加工工件上，使得局部材料迅速熔化或汽化，同时借助与光束同轴的高速气流将熔融物质吹除，配合激光束与被加工材料的相对运动来实现对工件进行切割的技术。激光切割技术可将批量化加工的稳定高效与定制化加工的个性服务完美融合，摆脱成型模具的成本束缚，替代传统冲切加工方法，可在大幅缩短生产周期、降低制造成本的同时，确保加工稳定性，兼顾不同批量的多样化生产需求。结合上述优势，激光切割技术应用推广迅速，已成为推动智能光电制造技术及应用发展的至关重要的动力。

新修订的《中华人民共和国职业教育法》于2022年5月1日起施行，这是该法自1996年颁布施行以来的首次大修。职业教育法的此次修订，充分体现了国家对职业教育的愈发重视，再次明确了“鼓励企业举办高质量职业教育”的指导思想。在教育部新工科研究与实践项目、财政部文化产业发展专项资金资助项目的支持下，大族激光科技产业集团股份有限公司策划牵头，积极响应国家大力发展职业教育的政策指引，结合激光行业发展，组织编写了智能光电制造技术及应用系列教材。其中，系列教材编委会根据“激光切割”全工艺流程及企业实际应用要求编写了“激光切割”子系列教材共4本，即《激光切割设备操作与维护手册》《激光切割CAM软件教程》《激光切割技术及工艺》《激光切割技术实训指导》。本系列教材具有以下特点：

（1）在设置理论知识讲解的同时，对设备或软件按照实际操作流程进行讲解，既做到常用特色重点介绍，也做到流程步骤全面覆盖。

（2）在对激光切割全流程操作步骤、方法等进行详解的基础上，注重读者对激光切割工艺认知的培养，使读者知其然并知其所以然。

（3）采用“部分→项目→任务”的编写格式，加入实操配图进行详解，使相关内容直观易懂，还可以强化课堂效果，培养学生兴趣，提升授课质量。

本书由谢健、肖罡、杨钦文编著，陈飞林、戴璐祎、何湘、邱婷婷、郭晓辉、仪传明、王剑也为本书的出版作出了贡献。本书是激光切割系列丛书中的技术及工艺教材，旨在培养学生严谨的科学态度与实践应用能力，使其初步具备发现问题、分析问题、解决问题的实操能力。本书从激光基础及常见切割材质切入，详细讲述在不同材质不同工艺下的切割效果及问题分析。同时，本书从实际切割效果出发，着重于从切割结果分析切割工艺过程，并对切割工艺进行优化改善。全书共两个部分，8个项目。其中，第一部分包含3个项目，包括激光切割的技术概述、工艺分析及质量控制影响因素，为后续的工艺问题分析做好理论知识准备；第二部分包含5个项目，包括激光切割穿孔工艺以及碳钢、不锈钢、铝合金、铜合金四种常用金属材料的激光切割工艺与典型问题分析。

本书在编写过程中得到了大族激光智能装备集团有限公司、湖南大族智能装备有限公司、江西科骏实业有限公司等企业，以及湖南大学、湖南科技大学、江西应用科技学院、湖南铁道职业技术学院等院校的大力支持，在此表示衷心感谢。

本书中所采用的图片、模型等素材，均为所属公司、网站或者个人所有，本书仅作说明之用，绝无侵权之意，特此声明。

由于作者水平有限，书中存在不妥及不完善之处在所难免，希望广大读者发现问题时给予批评与指正。

作　者

2022年4月

目 次

第一部分 激光切割基础知识

项目 1 激光切割技术概述 …… 002

任务 1 激光与激光器 …… 002
任务 2 激光切割技术 …… 007
任务 3 激光切割发展历程 …… 013
练习题 …… 015

项目 2 激光切割工艺分析 …… 017

任务 1 切割的工艺过程 …… 018
任务 2 切割的质量评价 …… 021
练习题 …… 026

项目 3 质量控制影响因素 …… 027

任务 1 设备系统性能的影响 …… 027
任务 2 工艺参数的影响 …… 034
任务 3 被加工材料属性的影响 …… 042
练习题 …… 045

第二部分 常用工艺及问题分析

项目 4 激光切割穿孔工艺 …… 048

任务 1 激光切割穿孔 …… 048
任务 2 提高穿孔效率的方案 …… 050
任务 3 解决穿孔缺陷的方案 …… 053
任务 4 解决不锈钢穿孔产生须状毛刺的方案 …… 055
任务 5 解决铝合金穿孔位置产生堆积状熔渣的方案 …… 059
练习题 …… 061

项目 5　碳钢的切割 …… 063

任务 1　碳钢切割工艺 …… 064
任务 2　改善碳钢氧气切割断面粗糙度的方案 …… 069
任务 3　解决碳钢氧气切割起刀过烧的方案 …… 076
任务 4　解决碳钢氧气切割拐角过烧的方案 …… 078
任务 5　解决碳钢氧气切割收刀口熔损的方案 …… 083
任务 6　解决碳钢空气切割拐角挂渣的方案 …… 085
任务 7　解决花纹金属板切割过烧的方案 …… 087
任务 8　处理材料表面锈渍的方案 …… 089
任务 9　碳钢氧气负焦点切割 …… 090
练习题 …… 093

项目 6　不锈钢的切割 …… 095

任务 1　不锈钢切割工艺 …… 095
任务 2　解决不锈钢切割拐角毛刺的方案 …… 098
任务 3　改善不锈钢切割起刀缺陷的方案 …… 099
任务 4　寻找不锈钢切割最佳焦点的方案 …… 101
任务 5　覆膜不锈钢切割 …… 102
练习题 …… 104

项目 7　铝合金的切割 …… 106

任务 1　铝合金切割工艺 …… 107
任务 2　解决铝合金切割底部挂渣方案 …… 110
练习题 …… 111

项目 8　铜合金的切割 …… 112

任务 1　黄铜氮气切割 …… 112
任务 2　紫铜高压氧气切割 …… 114
练习题 …… 116

参考答案 …… 117
参考文献 …… 122

第一部分

激光切割基础知识

项目1 激光切割技术概述

项目描述

激光加工技术是激光技术在工业中的主要应用，提供了现代工业加工技术的新手段，对工业发展影响很大。激光加工技术与应用发展迅猛，已与多个学科相结合应用在多个技术领域。激光的主要加工技术包括激光切割、激光焊接、激光打标、激光打孔、激光热处理、激光快速成型、激光涂敷等。其中激光切割发展最为迅速，已成为当前工业加工领域中应用最多的激光加工方法，占整个激光加工行业的70%以上。本书后续项目将系统阐述激光切割原理、工艺方法及应用等。

本项目主要介绍激光原理、激光切割技术及激光技术发展史，使学生对激光切割有基本的认识，为下一步的激光切割技术学习做准备。

任务1 激光与激光器

1）激光的起源与发展

激光（light amplification by stimulated emission of radiation，简称laser）与原子能、计算机、半导体一起被视为20世纪“新四大发明”。激光是通过人工方式用光或电等强能量激发特定的物质而产生的光。其原理是原子中的电子吸收能量后从低能级跃迁到高能级，再从高能级回落到低能级时，释放的能量以光子的形式放出，产生准直、单色、相干的定向光束。

激光的理论基础起源于物理学家爱因斯坦。1917年，爱因斯坦提出“受激辐射”的理论。1958年美国科学家汤斯和肖洛提出了“激光原理”，即物质在受到与其分子固有振荡频率相同的能量激发时，会产生不发散的强光——激光，他们因此分别获得了

1964 年和 1981 年的诺贝尔物理学奖。1960 年，激光首次被成功制造，休斯实验室的梅曼利用直径 6 mm、长度 45 mm 的红宝石棒产生了波长为 0.694 3 μm 的光束，这是人类有史以来获得的第一束激光。同年，梅曼成功研制出世界上第一台红宝石激光器（ruby laser)，受到激光科研领域的高度重视，开创了激光领域的新纪元。

21 世纪，激光技术应用步入发展的快车道，激光行业形成了一定规模的产业链。我国拥有大量激光设备集成商，同时也是激光应用最主要的市场之一。此外，国家持续大力推动智能制造行业的发展，通过发布政策规划和行业标准有效促进了行业发展和技术提升。随着机器替代人的进程不断加速，激光技术不断创新，工业机器人结合激光技术形成的新的工业加工工艺，将助力拓展激光应用领域，为激光行业提供新的发展动力。

2）激光原理及特性

（1）激光的产生

微观粒子具有特定的一系列能级（通常这些能级是分立的)，任一时刻粒子只能处在与某一能级相对应的状态（即处在某一个能级上）。当粒子由于受热、碰撞或辐射等方式获得了相当于两个能级之差的激发能量时，就会从能量较低的初态跃迁到能量较高的激发态，但并不稳定，且有自发地回到稳定状态的趋势。在释放出相应的能量后，粒子自动地回到初始状态。如图 1.1 所示为粒子的跃迁类型。粒子的能量跃迁分为三种类型——自发吸收、自发辐射与受激辐射。

①自发吸收：处于较低能级的粒子在受到外界的激发（即与其他的粒子发生了有能量交换的相互作用，如与光子发生非弹性碰撞）吸收了能量时，跃迁到与此能量相对应的较高能级，这种跃迁称为自发吸收。

②自发辐射：粒子受到激发而进入的激发态，不是粒子的稳定状态。如存在着可以接纳粒子的较低能级，即使没有外界作用，粒子也有一定的概率自发地从高能级激发态（E_2）向低能级基态（E_1）跃迁，同时辐射出能量为 E_2-E_1 的光子，光子频率 $\nu=(E_2-E_1)/h$（其中，h 为普朗克常量)，这种辐射过程称为自发辐射。众多原子以自发辐射发出的光，不具有相位、偏振态、传播方向上的一致性，是物理上所说的非相干光。

③受激辐射：1917 年爱因斯坦从理论上指出，除自发辐射外，处于高能级 E_2 上的粒子还可以另一方式跃迁到较低能级 E_1。当以频率为 $\nu=(E_2-E_1)/h$ 的光子入射

时，也会引发粒子以一定的概率，迅速地从能级 E_2 跃迁到能级 E_1，同时辐射一个与外来光子频率、相位、偏振态以及传播方向都相同的光子，这个过程称为受激辐射。

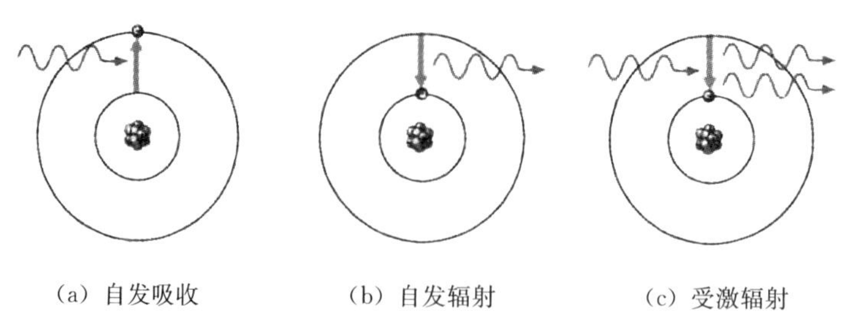

(a) 自发吸收　　(b) 自发辐射　　(c) 受激辐射

图 1.1　粒子的跃迁类型

激光是通过原子受激辐射发光和共振放大形成的，原子具有一些不连续分布的能电子，这些能电子在最靠近原子核的轨道上转动时是稳定的，这时原子所处的能级为基态。当有外界能量传入时，电子运行轨道半径扩大，原子内能增加，被激发到能量更高的能级，这时称之为激发态或高能态。被激发到高能级的原子是不稳定的，总是力图回到低能级去。原子在跃迁时，其能量差以光的形式辐射出来，这就是原子发光，是自发辐射的光，又称荧光。如果在原子跃迁时受到外来光子的诱发，原子就会发射一个与入射光子的频率、相位、传播方向、偏振态完全相同的光子，这就是受激辐射的光。

原子被激发到高能级后，会很快跃迁回低能级，它停在高能级的时间称为原子在该能级的平均寿命。原子在外来能量的激发下，处于高能级的原子数大于处于低能级的原子数，这种状态称为粒子数反转。这时，原子在外来光子的刺激下，产生受激辐射的光，这些光子通过光学谐振腔的作用产生放大，受激辐射越来越强，光束密度不断增大，形成了激光。

由上述激光原理可知，任何类型的激光器都要包括三个基本要素：可以受激发的工作物质、工作物质要实现粒子数反转（即有激励能源）、光学谐振腔。

（2）激光的特性

普通光源的光子各不相同，会向四处发散。而激光中的光子经引诱发射，光学特性和步调极其一致，且能量集中，具有强大的威力。因以受激辐射为主，且光波具有高度相同的频率、传播方向、偏振态和相位，故激光具有高亮度性（能量集中，温度极高）、高方向性（发散度极小，功率密度高）、高单色性（波长分布范围非常窄，颜色极纯）和高相干性（在波长、频率、偏振方向上基本一致）等诸多优良特性。

3）激光器结构及分类

（1）激光器的原理与结构

图 1.2 所示为激光器的原理与结构示意图。激光器是激光的发生装置，主要由增益介质、泵浦源、光学谐振腔组成。增益介质指可将光放大的工作物质，泵浦源为激光器的激发源，光学谐振腔为泵浦源与增益介质之间的回路。在工作状态下，通过吸收泵浦源产生的能量，增益介质从基态跃迁到激发态。由于激发态为不稳定状态，此时，增益介质将释放能量回归到基态。在这个释能的过程中，增益介质产生出光子，且这些光子在能量、波长、传播方向上高度一致，它们在光学谐振腔内不断反射，往复运动，最终通过半反射镜射出激光器，形成激光束。

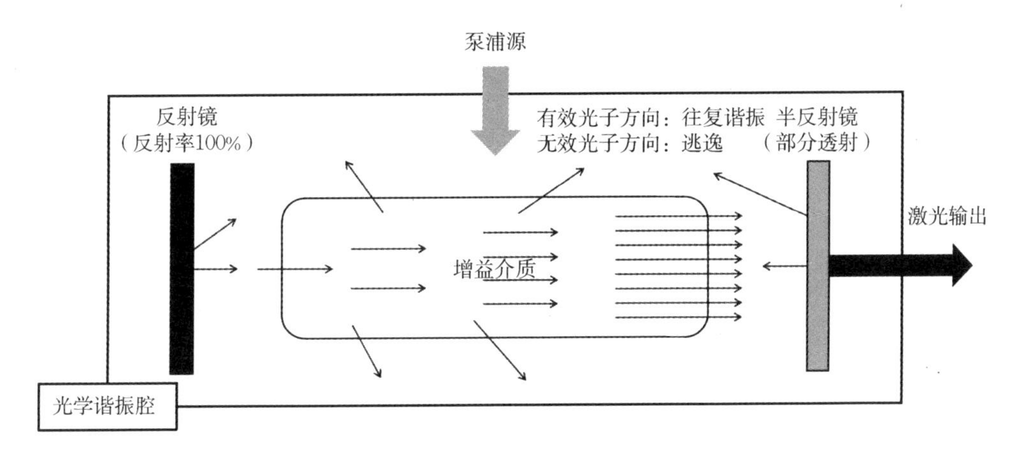

图 1.2 激光器的原理与结构示意图

（2）激光器的分类

激光器种类较多，常见分类方式有四种，即根据增益介质、输出功率、输出波长、工作方式的不同分类，可分为多种类型。

不同的增益介质决定了激光波长、输出功率和应用领域。按照增益介质的不同，可分为气体、液体、固体激光器等，如表 1.1 所示。其中，光纤激光器是指掺加稀土元素玻璃光纤作为增益介质的激光器，属于固体激光器的一种，因增益介质形状特殊且具有典型的技术和产业优势，行业中一般将其与其他固体激光器分开进行研究。

表 1.1　激光器的分类

增益介质		泵浦方法	输出波长	工作方式
气体	氦-氖	放电	可见光—红外光	连续
	惰性气体离子（氩离子、氪离子）		紫外光—可见光	
	准分子		紫外光	脉冲
	二氧化碳（CO_2）		远红外光	连续、脉冲
	化学	化学反应	红外光	连续
液体	染料	光	紫外光—红外光	连续、脉冲
固体	掺钕钇铝石榴石	光	红外光	连续、脉冲
	掺镱钇铝石榴石			
	掺钛蓝宝石		紫外光—红外光	
	化合物半导体	电流	紫外光—红外光	连续、脉冲
	掺铒（镱、铥）光纤	光	红外光	连续、脉冲

按照输出功率的不同，可分为低功率（0～100 W）、中功率（100～1 000 W）、高功率（1 000 W 以上）激光器，不同功率的激光器适用的场景不同。

按照输出波长的不同，可分为红外激光器、可见光激光器、紫外激光器等，不同结构的物质可吸收的光的波长范围不同。

按照工作方式的不同，可分为连续激光器和脉冲激光器。连续激光器可以在较长一段时间内连续输出，工作稳定、热效应高。脉冲激光器以脉冲形式输出，主要特点是峰值功率高、热效应小。根据脉冲时间，脉冲激光器可进一步分为毫秒级、微秒级、纳秒级、皮秒级和飞秒级。一般而言，脉冲时间越短，单一脉冲能量越高、脉冲宽度越窄、加工精度越高。

光纤激光器具有光电转换效率高、结构简单、光束质量好等特点，目前已成为激光技术发展主流方向和激光产业应用主力军。典型的光纤激光器主要由光学系统、电源系统、控制系统和机械结构四个部分组成。其中，光学系统由泵浦源、增益光纤、光纤光栅、泵浦合束器及激光传输光缆等光学器件通过熔接形成，并在电源系统、控制系统的驱动和监控下实现激光输出。图 1.3 所示为典型光纤激光器的光学系统。

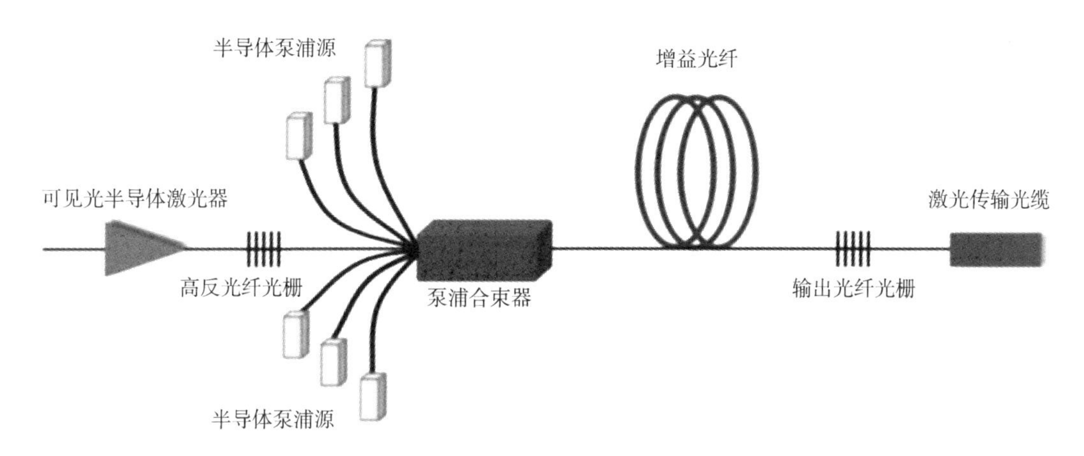

图 1.3　典型光纤激光器的光学系统

任务 2　激光切割技术

激光切割是近几十年来发展起来的高新技术，相对于传统的机械切割来说具有更高的切割精度、更低的粗糙度、更高的材料利用率和更高的生产效率等特点，特别是在精细切割领域，激光切割具有传统切割无法比拟的优势。

1）激光切割的原理

激光切割是利用聚焦的高功率密度激光束照射工件，工件在激光作用点处的温度急剧上升，达到沸点或熔点后材料开始汽化或熔化，并形成孔洞，随着激光束与工件的相对运动，最终材料得以形成切口，切口处的熔渣被一定的辅助气流吹除。图 1.4 所示为激光切割工艺原理图。

汽化和熔化是金属材料加工的一般形式，在加工金属板材时，依据激光切割的断面，金属材料的加工可分为两个部分，第一部分是金属的汽化，第二部分是金属的熔化。汽化金属需要较高的能量。依据热量来源，熔化金属材料的能量可能完全来自激光能量，也可能一部分来自激光能量，另一部分来自金属氧化放出的反应热。所以，激光切割可大致分为以下三种方式：激光汽化切割、激光熔化切割、激光氧气助燃切割。

（1）激光汽化切割

激光汽化切割是完全利用聚焦的高功率密度激光束辐照工件，工件在激光作用点

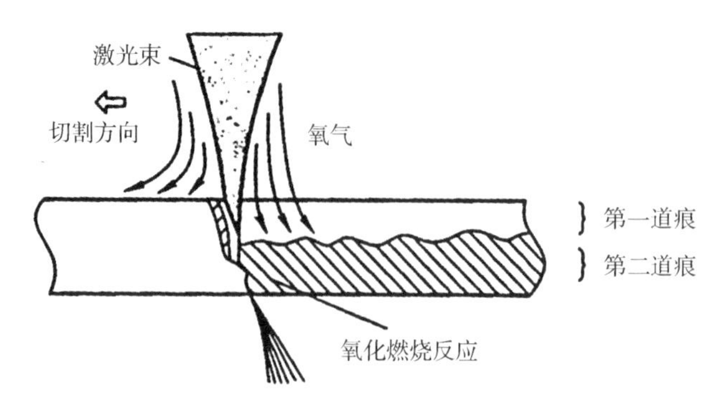

图 1.4　激光切割工艺原理图

处的温度急剧上升，达到沸点后材料开始汽化；汽化的材料在辅助气体的冷却下形成的熔渣被辅助气体吹除，工件表面形成孔洞；随着激光束与工件的相对运动，最终材料得以形成切口。

在激光汽化切割过程中，切口部分材料以蒸气或熔渣的形式排出，这是切割不熔化材料（如木材、碳和某些塑料）的基本形式。当采用脉冲激光时，其峰值功率密度在 10^8 W/cm^2 以上时，各种金属和非金属材料（陶瓷、石英）也主要是以汽化的形式被切除，因为在这样高的激光功率密度下，被辐照材料的温度将迅速上升到沸点而无显著的熔化。

（2）激光熔化切割

激光熔化切割是完全利用聚焦的高能量密度的激光束将板材加热熔化，然后通过与光束同轴的高压非氧化性辅助气体（氮气、氩气）将熔融的物质吹除形成一个贯穿的小孔，随着激光束与工件的相对运动，最终材料得以形成切口从而得到连续的割缝。

激光熔化切割过程中采用不与被加工材料反应的高压非氧化性辅助气体，其在切割过程中只承担吹除熔融物质的作用。因为非氧化性气体本身性质稳定，不参与材料的反应，因此该切割方式的切割断面不会被氧化，甚至某些工况下切割的工件不需要二次加工处理即可直接使用，例如可以直接进行焊接等。

激光熔化切割是金属板材切割的基本形式，汽化和熔化为激光切割时材料流动的两种基本形态。激光功率密度介于熔化和汽化的阈值之间时，材料就会在激光的作用下熔化。汽化材料可以直接脱离基体材料，而熔化材料部分在辅助气体作用下脱离基体材料，部分发生二次冷凝。材料汽化质量和熔化质量的比值称为汽熔比值。在激光加工的过程中，板材越薄，汽熔比越高；板材越厚，汽熔比越低。有针对铝合金切割质量的研究表明：汽熔比越高，切口底部的挂渣越少，挂渣出现的频率越低；汽熔比越低，挂渣越多，挂渣出现的频率越高，且比较粗大。

（3）激光氧气助燃切割

激光氧气助燃切割是聚焦的激光照射在板材上后，材料在激光和氧化性辅助气体的作用下发生氧化还原反应，在激光能量和反应热的共同作用下发生熔化，然后通过与光束同轴的辅助气体（氧气、空气等）将熔融的物质吹除形成一个贯穿的小孔，随着激光束与工件的相对运动，最终材料得以形成切口从而得到连续的割缝（图 1.5）。在氧气辅助切割钢板时，切割所需的能量大约有 60%来自铁的氧化反应。在氧气辅助切割钛合金板时，放热反应可提供约 90%的能量。

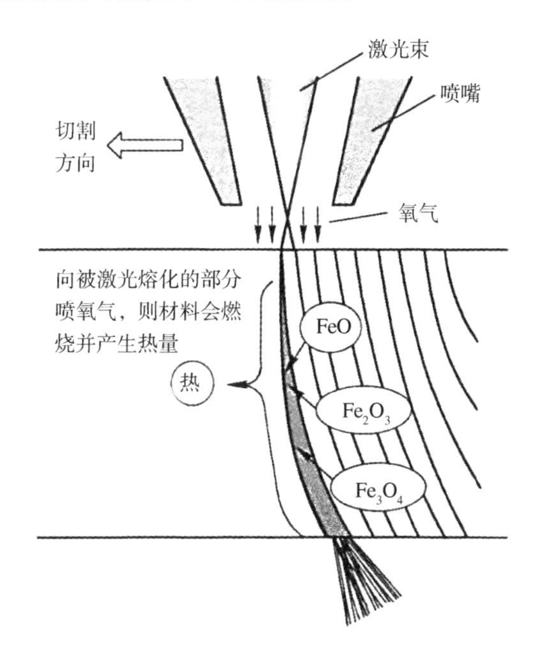

图 1.5　激光氧气助燃切割示意图

以氧气切割碳钢板为例，铁在燃烧时，因燃烧反应而生成的氧化铁形态有三种，其燃烧化学方程式分别为

$$\mathrm{Fe}+\frac{1}{2}\mathrm{O_2}=\mathrm{FeO}\qquad \Delta_r H_m=267.87\ \mathrm{kJ/mol}$$

$$2\mathrm{Fe}+\frac{3}{2}\mathrm{O_2}=\mathrm{Fe_2O_3}\qquad \Delta_r H_m=798.17\ \mathrm{kJ/mol}$$

$$3\mathrm{Fe}+2\mathrm{O_2}=\mathrm{Fe_3O_4}\qquad \Delta_r H_m=1\ 117.11\ \mathrm{kJ/mol}$$

以 1 g Fe来换算，其产生的热量如表 1.2 所示。假设在氧气助燃熔化切割过程中，所产生的各种氧化铁的质量占总质量的比例分别为 20%（FeO）、45%（Fe_2O_3）、35%（Fe_3O_4），则 1 g Fe 所放出的热量是 6.49 kJ，约为熔化 1 g Fe 所需热量（约 0.96 kJ）的 6.8 倍。一部分热量会通过热传导流失，但绝大部分热量会参与切割。

表 1.2　每 1 g Fe所产生的热量

成分	1 g Fe所产生的热量/kJ
FeO	4.78
Fe_2O_3	17.12
Fe_3O_4	16.65

激光是一种比较贵的能源，激光氧气助燃切割是降低切割成本、提高切割效率的有效方法，但切口附近材料的氧化可能显著改变其物理机械性能，例如航空工业的大多数钛合金板不允许采用氧气辅助切割，只能用非氧化性气体辅助激光熔化切割。

2）激光切割常用激光器

激光器种类繁多，性能各异，用途也多种多样，需要根据加工要求合理选择激光器的种类，重点是考虑其输出激光的波长、功率和模式。目前用于激光切割的激光器如表 1.3 所示，主要有 YAG 激光器、CO_2激光器、光纤激光器、半导体激光器和碟片激光器。

表 1.3　各类激光器的特性对比

指标	指标说明	YAG 激光器	CO_2激光器	光纤激光器	半导体激光器	碟片激光器
波长/μm	数值越小，加工能力越强	1.0～1.1	10.6	1.0～1.1	0.9～1.0	1.0～1.1
光电转换效率	数值越大，效率越高，耗电越小	3%～5%	10%	35%～40%	45%	15%
输出功率/kW	数值越大，加工能力越强	0.5～5	1～20	0.5～30	0.5～10	0.5～4
光束质量BBP	数值越小，光束质量越好	25	6	<2.5	10	<2.5

续表

指标	指标说明	YAG激光器	CO_2激光器	光纤激光器	半导体激光器	碟片激光器
聚焦性能	功率密度越高，聚焦性能越好	光束发散角大，聚焦后光斑较大，功率密度低	光束发散角较小，聚焦后光斑小，功率密度高	光束发散角小，聚焦后光斑小，峰值功率高，功率密度高	光束发散角较大，聚焦后光斑较大，光斑均匀性好，功率密度低	光束发散角小，聚焦后光斑小，功率密度高
切割能力	切割厚度越大、切割效率越高，切割耐性越好	较差，切割能力低	一般不适合切割金属材料，切割非金属材料时切割厚度大，切割速度快	一般适合切割金属材料，切割速度快，能适应不同厚度板材的切割，切割效率高，切割厚度大	因光斑均匀性较一致，光束穿透性较差，故不适合用于切割，适合用于金属表面处理	一般适合切割金属材料，切割速度较快，能适应不同厚度板材的切割
可加工材料类型	范围越广，加工适应性越好	不可加工高反材料*	不可加工高反材料	可加工高反材料	可加工高反材料	可加工高反材料
占地面积/m^2	数值越小，适应性越好	6	3	<1	<1	>4
体积	体积越小，适用场合越多	较小	最大	小巧紧凑	较小	较小
维护周期	数值越小，维护次数越少	300 h	1 000～2 000 h	无需维护	无需维护	无需维护
相对运行成本		较高	较高	较低	一般	较高
加工便捷性		柔性好，适应性强	不方便移动	柔性好，适应性强	柔性好，适应性强	柔性好，适应性强，但抗震较敏感
使用寿命/h	数值越大，使用寿命越长	>300	$>2\,000$	$>10^5$	$>7.5\times10^4$	$>10^5$

注：* 高反材料一般指的是电阻率低、表面较为光滑、对近红外激光吸收率低的金属。

在众多种类激光器中，光纤激光器是近年来被广泛关注和使用的一类。与其他激光器相比，光纤激光器具有结构简单、光电转换效率高、光束质量好、维护成本低、散热性能好等优点，已成为金属切割、焊接和标记等传统工业制造领域的主流光源，并广泛应用于医疗美容、航空航天和军事等领域。本书主要以光纤激光器的金属材料切割为例介绍激光切割相关技术与工艺。

3）技术特点

自20世纪70年代初，激光切割技术投入生产应用以来，其发展速度非常快，技术日趋完善。表1.4所示为各种切割方式的比较，从现今人们所掌握的各种切割技术来看，激光切割无疑是最好的切割技术。相较于其他工业切割方式，激光切割具有切割速度快、切割质量高、工件变形小、环保、低能耗等优势，可用于加工多种材料，如金属、塑料、玻璃、皮革、木材、纤维等。因其适用材料范围广、加工精度高，故替代其他切割技术效应明显。和火焰切割与等离子切割相比，激光切割过程中没有显著的可见烟尘；和线切割相比，激光切割的精度没有线切割高，但是激光切割的柔性加工能力比较强，速度比线切割快；激光切割和冲床相比，冲床在比较薄的标准工件的加工速度上是激光切割的几倍到十几倍，但是针对较厚的板材的加工和小批量的加工，激光切割更有优势。冲床的模具制造成本和周期比较久，且存在着模具的磨损、断面可能会有翻边毛刺等问题。

总体来说，与传统的板材切割方法相比，激光切割具有以下特点：

①激光切割是使用激光光束加工，加工设备装置简单，只需要定位而无需夹紧。激光切割过程中喷嘴和板材不接触，无机械力作用于工件上，工件不会损伤，也不会产生工具的损耗问题。

②激光加工的光斑大小甚至可以聚焦到微米级，且输出功率可进行调节，因此适用于进行精密精细加工。

③激光加工的速度快，热影响区小，容易实现加工过程的自动化。

④激光加工可以通过透明介质对密闭容器内的工件进行加工。

表1.4 各种切割方式的比较

切割方式	激光	等离子	磨粒水射流	气体火焰切割
切割原理	光束	气体	水（+砂）	火
板材厚度	厚	很厚	很厚	很厚
切割精度/mm	0.1	>0.25	0.1～0.25	

续表

切割方式	激光	等离子	磨粒水射流	气体火焰切割
热变形	很小	大	无	非常大
圆形工件加工	待加工板材厚度的 30%～50%，最小直径 1 mm	最小直径 10 mm		
割缝宽度/mm	0.15～1	3～6	1.0～1.2	
下料表面（粗糙度）	光滑	粗糙	极光滑	
下料断面（垂直度）	好	差	较差	
耗材	喷嘴与镜片	喷嘴和电极	喷嘴与密封组件	喷嘴和氧气
环保性	好	差	极好	差
切割速度	很快	快	差	一般

任务 3　激光切割发展历程

1）激光切割技术的发展

美国、日本、德国等发达国家工业基础好，重视激光加工的技术研究，致力于研制各种工业用激光器和研究各种激光加工方法及工艺，激光加工行业发展迅速。在激光切割工艺研究方面，重点主要集中在对激光模式、激光输出功率、焦点位置以及喷嘴形状等问题的研究。20 世纪 60 年代初，激光技术被美国人率先发明并投入机械生产。20 世纪七八十年代，美国、德国以及日本等国家已经在大量的激光切割工艺试验的基础上，总结出激光切割工艺，建立了工艺数据库，并着手研究高性能的激光切割系统。20 世纪 90 年代初期，国外就已经推出了一些高性能的激光切割系统，该系统具有自动设定加工参数的功能。国外激光切割设备和工艺发展迅速，现已拥有 100 kW 的大功率 CO_2 激光器、千瓦级高光束质量的 Nd：YAG 固体激光器，有的可配上光导纤维进行多工位、远距离工作。激光加工设备功率大、自动化程度高，已普遍采用 CNC 控制、多坐标联动，并装有激光功率监控、自动聚焦、工业电视显示等辅助系统。

2）中国激光技术的现状与未来

同国外的发展情况相比，我国的激光加工技术研究起步较晚，基础工业相对落后，工业生产自动化程度不是很高，市场竞争意识薄弱，与发达国家相比尚存在一定差距。但是随着激光在工业生产中的重要性逐渐显现，我国也更加重视激光在机械加工生产领域发挥的作用，并将激光应用列入国家重点科技项目。经过长期不懈的努力已经取得了可喜的成果，尤其在激光切割方面，成果更加显著。国内企业逐步突破激光器核心技术，实现激光器和核心光学器件的规模化生产，形成了产业集群。激光零部件配套企业慢慢补齐，各类具有特色的激光加工系统制造商不断涌现，目前国内已形成四个激光加工装备制造的产业带，主要分布在华中、珠江三角洲、长江三角洲和京津环渤海经济发达地区。

我国激光切割技术发展大致经历了以下三个阶段：

①行业探索期（1957—1961 年）：1957 年，光学科学家王大珩等在长春建立了我国第一所光学专业研究所——中国科学院光学精密仪器研究所（现中国科学院长春光学精密机械与物理研究所，简称“长春光机所”）。1961 年，长春光机所的王之江研制出中国第一台红宝石激光器。

②行业起步期（1961—1978 年）：1965 年研制出我国第一台 CO_2 激光器，此后短短几年内，中国的激光技术迅速发展，各种类型的固体、气体、液体激光器相继研制成功。在基础研究和关键技术方面，一系列新概念、新方法和新技术纷纷提出并获得实践，也正是这个时期，激光开始逐步应用于材料切割领域。

③高速发展期（1978 年至今）：改革开放以来，得益于国家对激光技术的高度重视，激光技术迎来空前的发展机遇，中国涌现出一批国际先进水平的成果，激光切割技术基本做到了在我国材料加工领域的全覆盖。

经过多年的发展，我国的激光应用技术突飞猛进。但是，当前我国制造业生产效率与制造强国还存在差距，我国激光技术在制造业尤其是装备制造业中的应用占比偏低，仅为 30%（美、日、德激光技术在装备制造业中的应用占比均超过了 40%），这也是我国工业体系转型升级缓慢的一个原因。随着我国激光应用领域的不断扩展以及应用深度的加大，激光行业潜在的替代空间十分广阔。

近年来，我国光纤激光器行业处于快速成长阶段，国产化程度逐年上升。我国激光行业已形成芯片、晶体、关键元器件、激光器、激光系统、应用开发等完整成熟的产业链，国内激光企业也基本具备配套全球高端客户的能力。根据中国科学院武汉文献情报中心《2020 中国激光产业发展报告》，2019 年中国的工业激光市场的发展正在开始影响全球工业激光市场。一方面，日益激烈的价格竞争导致光纤激光器和超快激光器的价格急剧下降，同时国产设备的质量、技术与服务在竞争中也慢慢提高，崛起的国产激光产品正在逐步取代进口的激光产品。另一方面，激光技术的应用比许多传统制造技术更具成本效益，使激光应用得以迅速普及。

中国制造业的快速发展，传统工业制造技术的更新升级，带动了激光切割成套设备的销售。应用于激光切割系统的光纤激光器数量在近几年平稳增长，激光切割设备也在朝高功率方向发展。2019 年，各个行业对激光设备的需求不断提高。激光设备的批量化生产，虽然带动了中功率激光切割装备的快速发展，但加剧了产品的竞争性，并导致中功率切割装备的毛利率越来越低，因此激光加工厂商们开始向高功率段产品进军。2019 年高功率激光切割设备如雨后春笋般涌向市场，12 kW、20 kW、30 kW 甚至40 kW的高功率激光切割机也已经问世。2019 年，中国销售了约 34 000 台中功率激光切割系统和 7 000 台高功率激光切割系统。功率的大幅提升也增加了设备集成难度，给上游配件厂商和系统厂商提出了诸多挑战。一些核心单元如万瓦级切割头、自动调焦系统、智能总线系统及温控系统等亟待提档升级。在这种形势下，国产配件厂商和系统集成商从未缺席自主发展之路，纷纷加入支持行列。

国家发布多项政策大力推动智能制造发展，随着人口老龄化和人工成本增加，制造业向自动化转型成为必然趋势。当前我国的激光企业在综合技术上已经基本达到与国外龙头企业相近的水平，在细分领域已经超越国外同行水平。在国内巨大的市场推动下，伴随着激光在应用领域的不断细分、深化，中国的激光企业将迎来下一个黄金时期。

练习题

一、单选题

1. 以下哪个选项不属于固体激光器中的激活离子（　　）。

A. 三价稀土金属离子　　B. 二价稀土金属离子

C. 非金属离子　　D. 锕系金属离子

2. 世界上第一台红宝石激光器的波长为（　　）。

A. 0.694 1 μm　　B. 0.694 2 μm

C. 0.694 3 μm　　D. 0.694 4 μm

3. 下列哪项不属于光纤激光器对比 CO_2 激光器所具有的优势？（　　）

A. 能量利用率高　　B. 免调节、免维护

C. 可轻易完成多维空间加工　　D. 使用寿命短，需频繁更换

E. 对温度的容忍度高

4. 我国第一台激光器诞生的年代是（　　）。

A. 20 世纪 50 年代　　B. 20 世纪 60 年代

C. 20 世纪 70 年代　　D. 20 世纪 80 年代

二、判断题

1. 自发辐射指处于较低能级的粒子在受到外界的激发吸收了能量时，跃迁到与此能量相对应的较高能级。（　　）

2. 激光属于非相干光。（　　）

三、思考题

1. 激光加工在未来还有哪些可以拓展的领域？

2. 作为未来的从业者，在许多传统制造行业受到冲击的趋势下，我们应该怎么做？

激光切割工艺分析

项目描述

在飞速发展的实体加工行业中，激光切割作为整个加工流程中不可或缺的一环，有着极为广泛的市场（图2.1）。在不同行业的实际生产加工过程中，根据激光切割方法的不同，以及选用的辅助气体的不同，诞生了多样化的激光切割工艺。但不同的工艺在加工流程和质量控制方面，又有着共同的呈现方式。

图2.1　激光切割示意图

目前市场上的激光切割设备种类繁多，具体使用时的细节操作不尽相同，但可以从激光切割整体的操作流程中提炼出共同的三大步骤——CAM程序输出、激光工艺方法的选择及参数设置和激光切割设备执行。

在激光切割市场上，切割样品的质量评价一直是各行各业在选择激光切割设备时考虑的主要因素。对激光样品进行质量评价通用的几大要素分别为切割精度、切口质量、热影响区及黏渣。

本项目主要介绍激光切割的工艺流程与切割质量，使学生对于激光加工工艺有初步的了解，能够掌握激光切割加工过程的步骤并能够对切割样品质量进行判断。

任务1　切割的工艺过程

激光切割工艺过程是指按照图纸规定通过软件编程、工艺设置等方法用激光切割设备加工出成品的一系列过程。根据加工的顺序可分为CAM程序输出、激光工艺方法的选择及参数设置和激光切割设备执行三项主要流程（图2.2）。

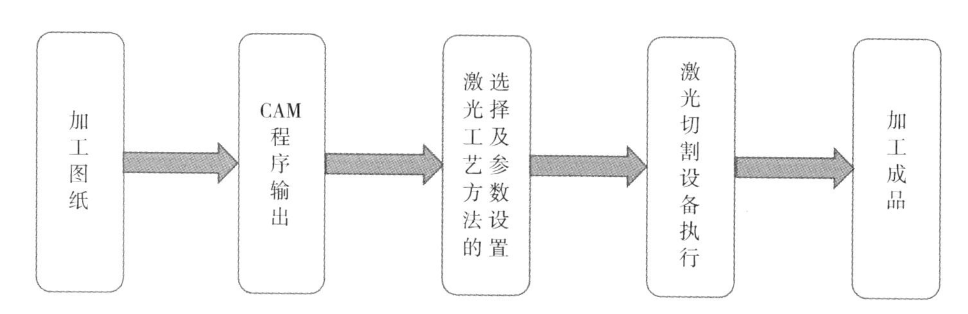

图2.2　激光切割工艺过程

1）CAM程序输出

当了解工件的图纸及规格后，首先要对图纸进行相应的处理，将可视化的图像信息变为可被机器识别的程序代码信息，即为程序输出。通过CAM软件——cncKad（图2.3）将工件的图纸按照相应的规格要求进行处理，处理完成后通过软件生成相应的程序代码。

①将图纸导入CAM软件中，将图纸内部的线条按照实际需求进行相应处理，根据板材及零件规格选用相应的工艺技术对图纸进行编程处理（图2.4）。

图2.3　cncKad软件　　图2.4　软件工艺处理

②处理好所需工艺后即可输出程序，并进行程序模拟（图2.5），可通过调节播放速度来观看程序进程是否合理。

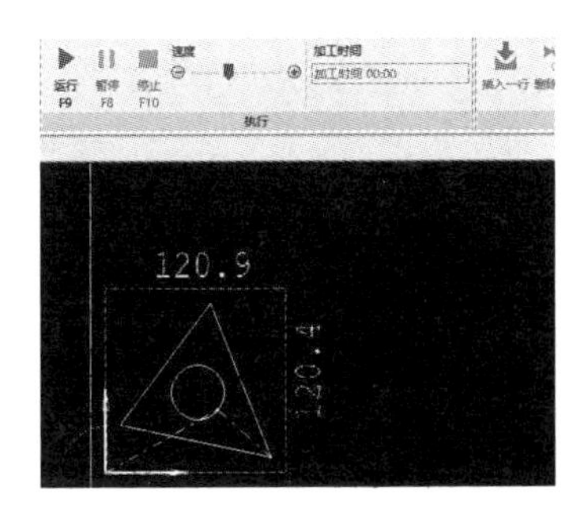

(a) 切割路径示意图

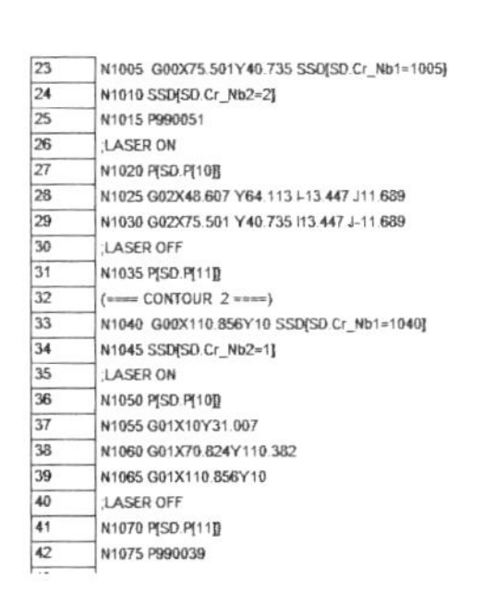

(b) 程序示意图

图 2.5 软件程序模拟示意图

2）激光工艺方法的选择及参数设置

在激光切割加工中，加工板材的材质和厚度各不相同，如碳钢、不锈钢、黄铜、紫铜、钛合金等。在加工过程中，根据实际条件选择合适的工艺方法才能实现最好的切割效果。

按照辅助气体分类，激光切割大体分为氧气切割、氮气切割、空气切割和惰性气体切割；按照焦点分类，可分为高焦点切割和负焦点切割。

对于不同的工艺方法，切割喷嘴（图 2.6）的规格、激光切割的速度以及切割面（图 2.7）的面貌也会有所区别，所以要根据实际的生产要求来判定所需的加工工艺，进行相应的参数设置（图 2.8），并更换切割喷嘴。

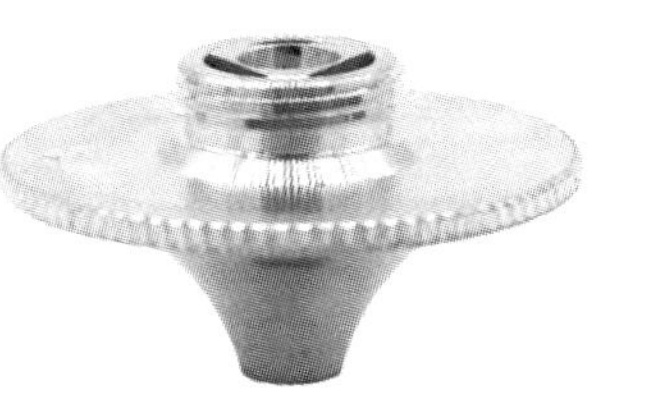

图 2.6 喷嘴类型展示图

(a) 氧气切割碳钢

(b) 氮气切割不锈钢

图 2.7 不同工艺切割面展示图

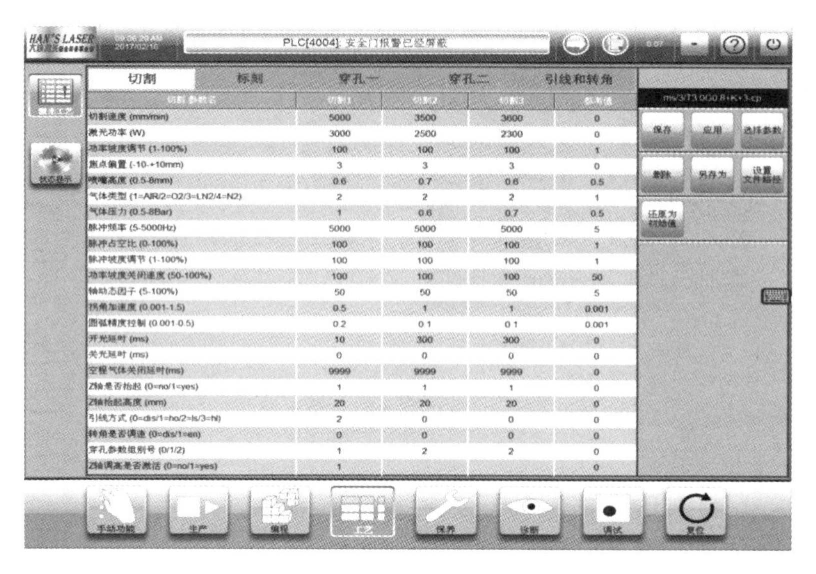

图 2.8　工艺参数设置界面

3）激光切割设备执行

当准备好零件加工程序，并且设置好切割工艺后，就可以使用激光切割机床进行零件的加工。完成激光切割前的准备工作后，将编好的程序导入机床电脑文件夹里，在生产界面选择加工的程序，如图 2.9 所示。选择好程序后，在工艺界面选择相应的工艺参数，确定切割喷嘴无误后方可开始激光切割，如图 2.10 所示。

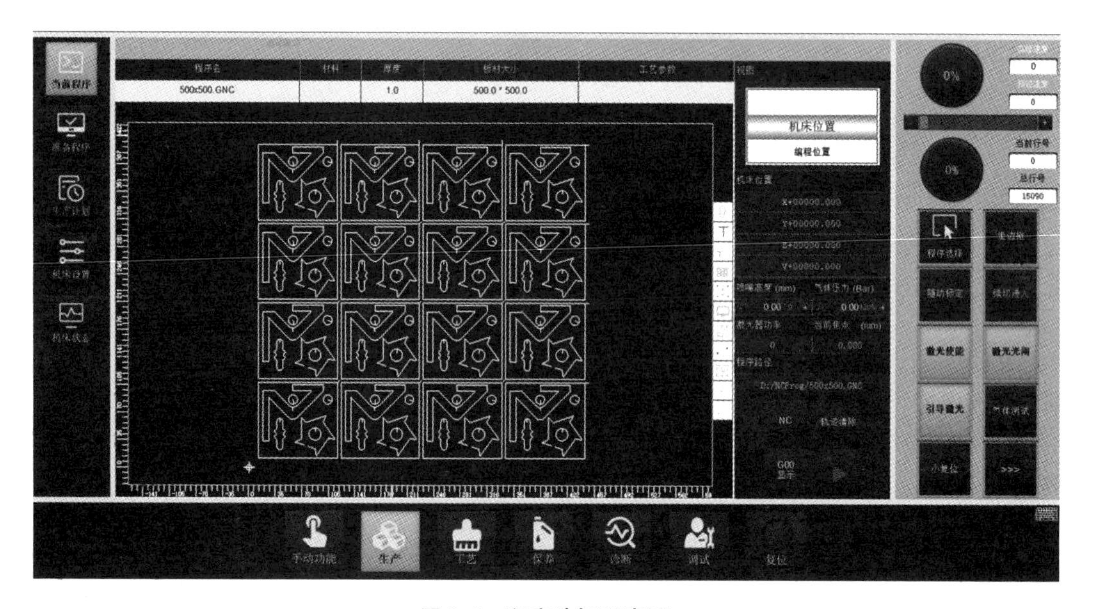

图 2.9　程序选择示意图

图 2.10　激光切割工件

任务 2　切割的质量评价

激光切割的质量评价因素主要包括以下几个方面：切割精度、切口质量、热影响区和黏渣。

1）切割精度

和过去的切割方式相比，目前的激光切割精度已有较大的提升。当然，激光切割的精度存在一定的范围，但是可以通过CAM软件和机器进行弥补以达到较高的精度。精度要求在0.1～0.3 mm的行业，激光切割后的工件甚至不需要进行二次加工，可以直接使用。

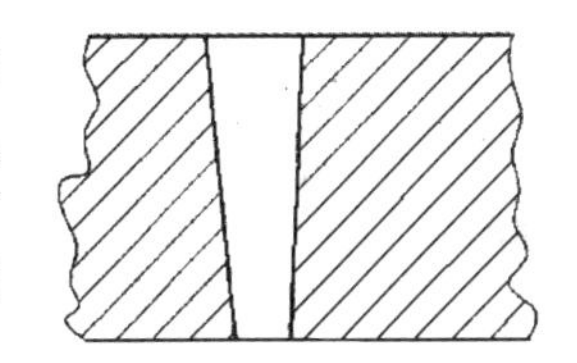

图 2.11　切口锥度

切割精度主要表现在误差及锥度两个方面，与激光器功率、切割材料和所用辅助气体有关。工件误差可以通过调节零件补偿值来减小。切口锥度（图 2.11）也可以称为切割面倾斜角和垂直度，其产生的原因是激光并非平行光，切割时必然会产生一定的锥度，且无法消除，但可以通过改变切割工艺减小。

表 2.1 为使用 15 kW 激光器搭配不同的辅助气体切割不同材料时所用的补偿值及锥度的参考值。

表 2.1　15 kW 激光器切割补偿值及锥度参考值

厚度/mm	氮气切割不锈钢		空气切割不锈钢		氮气切割铝合金		氧气切割碳钢		氮气切割碳钢		空气切割碳钢	
	补偿值/mm	锥度/丝	补偿值/mm	锥度/丝	补偿值/mm	锥度/丝	补偿值/mm	锥度/丝	补偿值/mm	锥度/丝	补偿值/mm	锥度/丝
3	0.15	5	0.30	5	0.40	10	0.65	10	0.25	5	0.25	10
4	0.15	5	0.20	5	0.30	10	0.60	10	0.20	5	0.25	10
5	0.15	5	0.20	10	0.50	10	0.50	10	0.35	10	0.30	10
6	0.15	5	0.20	13	0.40	10	0.60	10	0.45	10	0.30	10
8	0.15	5	0.35	13	0.40	10	0.65	10	0.30	15	0.30	10
10	0.25	5	0.40	15	0.40	20	0.85	15	0.25	15	0.30	10
12	0.25	5	0.50	15	0.40	20	1.20	15	0.20	15	0.30	10
16	0.60	15	0.60	15	0.40	20	0.50	25	0.75	20	0.50	10
20	0.60	15	1.00	30	0.20	20	0.40	30			0.60	20
25	0.90	20	1.00	15	0.45	30					0.60	30
30	0.60	20	1.00	35							0.80	52
40	0.60	20	2.00	50								

2）切口质量

（1）切口宽度

切口宽度主要取决于光束模式和聚焦光斑的直径。此外，切割参数也有一定的影响。使用不同的工艺技术时，切割零件的切口宽度也会有所区别。

激光通过聚焦镜照射在板材上，光束呈现锥形，当焦点的高度不同时，聚焦光斑的直径也不同，从而导致板材切割产生的切口宽度不同。可以通过设置工艺参数的焦点位置来控制激光焦点相对于板材表面的高度。激光切割低碳钢板时，焦点一般设在工件上表面，其切口宽度与光斑直径大致相等。随着切割板材厚度的增加，切割速度会下降，就会形成上宽下窄的 V 形闭口，且上部的切口往往大于光斑直径。

（2）切割面粗糙度

切割面粗糙度是反映切割质量的一个重要标准。切割不同板厚的低碳钢时切割面的粗糙度不同。切割面的粗糙度几乎与板厚的二次方成正比，而且在切割面下部这种倾向更为明显。影响切割面粗糙度的因素较多，除了光束模式和切割参数外，还有激光功率密度、工件材质等。图 2.12 所示为采用不同工艺切割碳钢时切割面的面貌，从图中可以看出氧气切割和空气切割工件的切割面粗糙度有明显区别。采用聚光性高的短焦距透镜和尽量高的切割速度，有利于降低切割面粗糙度。

（a）氧气切割碳钢

（b）空气切割碳钢

图 2.12　采用不同切割工艺的切割面面貌

对厚度在 2 mm 以上的板材进行激光切割时，切割面的粗糙度分布不均匀，沿厚度方向差别较大。如图 2.13 所示，切割面上部分平整光滑，切割条纹整齐、细密，粗糙度值小；下部切割条纹紊乱，表面不平整，粗糙度值大。由此可见，靠近下表面的位置粗糙度值较大，是切割面质量的薄弱环节，因此在评价切割面质量时应以下表面为基准。目前国内多采用距下表面 1/3 处的粗糙度作为基准。

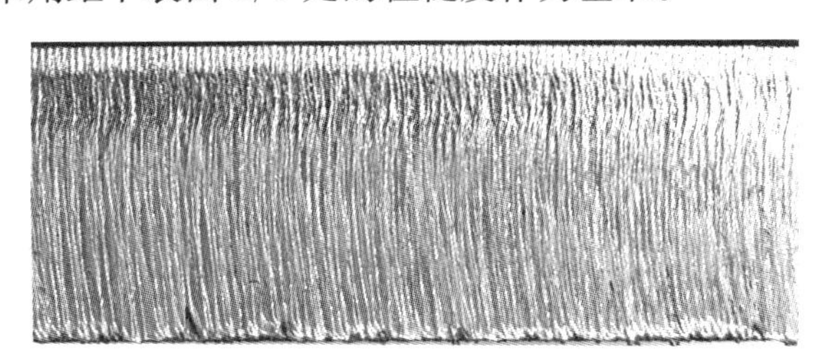

图 2.13　切割示意图

（3）切口锥度

切口锥度也是切口质量的评价标准之一。激光切割时由高能量密度的激光对材质进行热加工，通过聚焦镜组将平行激光光束聚成焦点作用在板材上（图 2.14）。在切割金属材料时，如图 2.15（a）所示，激光在切口壁之间多次反射后，向板厚方向传播的能量逐渐减弱，只有靠近中心部位的激光才能达到足够的功率密度。切割非金属材料时，如图 2.15（b）所示，激光在切口壁上几乎没有反射，焦点下方的切口形状随光束的扩展而膨胀，但是随着板厚方向输出能量的减弱，切口会变窄。所以在板材的切割面会出现一定的锥度，板材越厚，锥度越明显（图 2.16）。在加工过程中，当切割参数不合理或者辅助气体的压力过小时，工件的切割面容易出现上宽下窄的锥度。

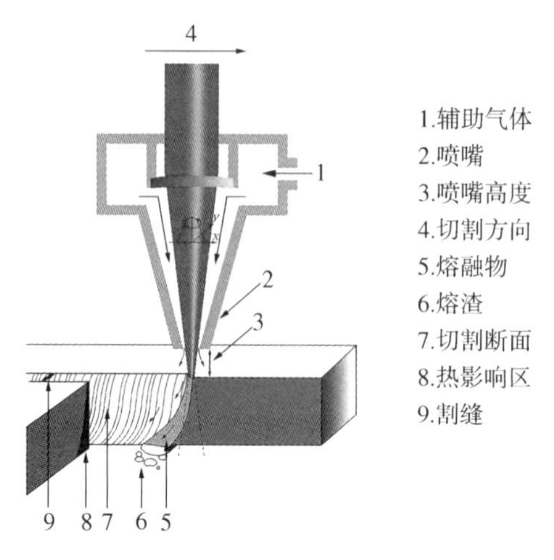

图 2.14　激光切割原理示意图

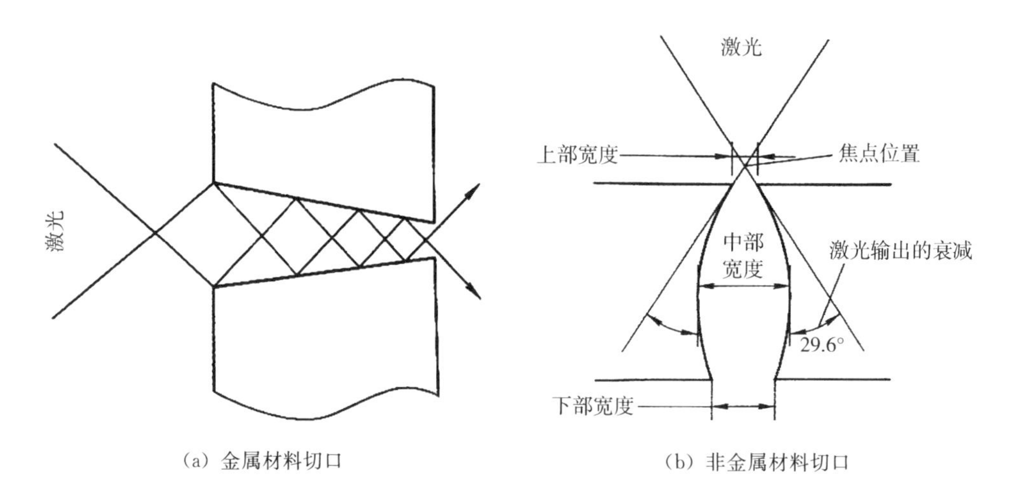

（a）金属材料切口　　（b）非金属材料切口

图 2.15　切口的形状

图 2.16　不同厚度板材的锥度演示

3）热影响区

激光切割材料是基于热的作用，激光能量在熔化切口材料的同时，还会向切口附近的材料传导，所以切口的边缘处有一个热影响区。热影响区内的材料虽然没有被熔化，但也接收了激光的热量。一般以热影响区的宽度来评定激光切割的质量。当激光能量过大或者切割速度过慢时，会导致切割区域的热影响增强，产生熔损或过烧现象，如图 2.17 所示。

图 2.17　激光切割过程中的过烧现象

在加工某些零件的过程中，也会因为零件规格而出现过烧现象。例如，当激光切割尖角度数过小的工件时，尖角区域板材所受到的热影响会增强，导致切割的尖角效果变差，如图 2.18 所示。一般可以通过拐角冷却、拐角暂停等工艺措施来消除这部分影响。

图 2.18　工件尖角过烧

4）黏渣

黏渣是指激光切割过程中在被加工工件表面切口附近附着的熔融金属飞溅物，又称熔渣、熔瘤等。通常是因为在切割过程中辅助气体未能彻底清除切割中产生的熔化或者汽化材料，从而在下缘附着形成熔渣。在加工过程中切割参数设置不合理，会使切割面产生不同程度的黏渣，以下是几种常见的情况：

①氧气切割碳钢时底部出现难去除的金属毛刺，如图 2.19 所示。

②氧气切割碳钢时底部黏渣成点滴状，容易去除，如图 2.20 所示。

③工件切口只有一边出现黏渣，如图 2.21 所示，可能是因为切割头同轴没有设定好，需要重新打同轴。

图 2.19 切割面黏渣图（一）

图 2.20 切割面黏渣图（二）

图 2.21 切割面黏渣图（三）

黏渣的出现与激光器的功率、切割速度、光束焦点、气流压力和材料属性等因素有关，在实际加工过程中要根据实际切割状况调整相应参数。通常在激光切割薄板时，切口宽度、切割面粗糙度等容易满足要求，用户最关心的是切口上的黏渣。但黏渣是一个难以量化的指标，目前主要通过肉眼观察切口黏渣的多少来判断切割质量的好坏。

练习题

一、填空题

1. 切割工艺根据加工的顺序可分为__________、__________和__________三项主要流程。

2. 在激光切割加工中，按照辅助气体分类，激光切割大体分为__________、__________、__________和__________。

3. 在激光切割加工中，按照焦点分类，可分为__________和__________。

4. 激光切割的质量主要包括________、________、________和________几个方面。

5. 切口质量主要包括__________、__________和__________三方面。

二、简答题

1. 请描述激光切割的精度主要表现在哪些方面，影响原因分别是什么。

2. 在激光切割过程中出现不同切口宽度的原因是什么？有哪些影响因素？

3. 黏渣是什么？都有哪些常见的情况？请简单描述。

项目3　质量控制影响因素

项目描述

随着传统制造业技术的更新升级，各行各业对激光切割设备的需求不断提高，激光切割逐步取代传统切割成为主流技术。随着生产的发展和新工艺的应用，人们对切割质量的要求越来越高，这对切割工艺提出了更高的要求。

影响激光切割质量的主要因素大致可分为两类：激光切割系统性能的影响和激光切割工艺参数的影响。其中激光切割参数的选择在很大程度上影响着钣金件的最终切割质量。激光切割质量控制的要素主要包括两方面：一是切割尺寸精度高低；二是切割断面质量好坏。可以通过观察和触碰来检查钣金件切割断面质量。钣金件切割断面的质量标准有以下两点：一是钣金件整体切割均匀流畅，且表面无烧灼和缺陷，切口断面或下表面无挂渣、毛刺等；二是钣金件切割断面较为整齐。激光切割的优势在于能够对切割过程中影响质量的因素实施高度控制，使钣金件的切割质量达到一定标准。

本项目主要介绍影响激光切割质量控制的因素，培养学生分析及解决问题的能力。在切割前，要根据板材的材质和厚度来设置相关工艺参数；在切割过程中若遇到切割质量问题，要分析并找出影响质量问题的因素，通过优化相关工艺参数来改善切割质量。

任务1　设备系统性能的影响

激光切割机的系统性能和加工质量很大程度上取决于光学元器件的质量，而决定光学元器件质量的则是激光器和切割头。与激光器相关的主要因素是光束质量；与切割头相关的主要因素是加工透镜、喷嘴等，图3.1为切割头的结构示意图。

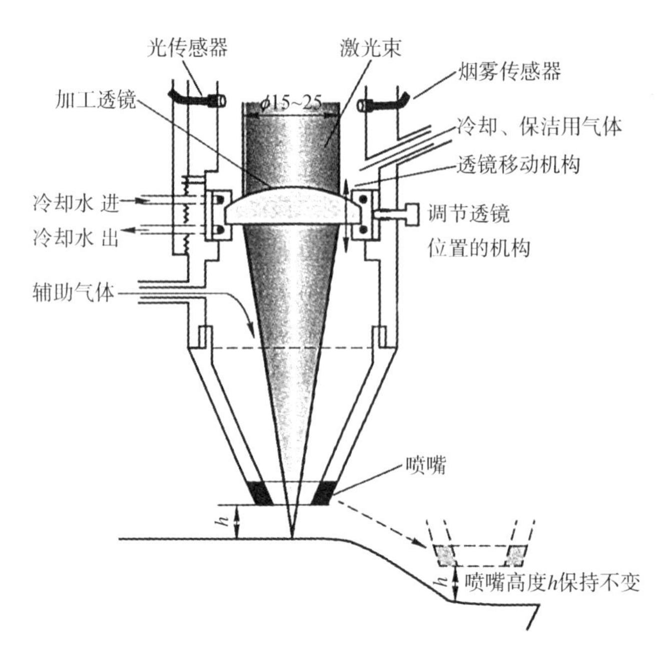

图 3.1　切割头的结构示意图

1）光束质量

激光的光束质量是衡量激光器综合性能的重要因素，它影响着激光的聚焦效果以及远场的光斑分布情况。与激光束相关的因素有：激光的输出形态、波长、频率、功率、占空比等。

（1）输出形态

激光的输出形态分为连续波（CW）输出功率和脉冲（GP）输出功率。连续波输出功率是指激光器输出的激光是连续的，不会出现中断的情况，输出功率不变；而脉冲输出功率是指把激光的能量压缩到一个很窄的时间段内输出，峰值功率会比较高。

（2）波长

激光波长是指激光器的输出波长，取决于激光器的工作介质，是激光器输出激光光束的重要参数。金属材料的反射系数和所吸收的光能也取决于激光辐射的波长，激光辐射的波长越短，金属材料的反射系数越小，所吸收的光能就越多。

（3）频率

激光器输出的频率称为激光频率，表示每 1 秒内激光照射的次数，单位为 Hz。频率越高，激光点越密集。

（4）功率

激光器发出的光以光能的形式出现，光能也是一种能源。激光功率是表示一个度量单位时间内输出激光能量的大小的物理量，代表在单位时间内激光束可熔化材料的能力，常见的单位有 mW、W、kW。不同的激光工作介质，饱和光强的值不同。饱和光强是介质的一个重要参量，它决定着腔内光强以及激光器输出功率的大小。

（5）占空比

占空比（D）指的是脉冲持续时间（t）与脉冲周期（T）的比，计算公式为

$$D=t/T$$

根据平均功率（P_a）和占空比（D）的关系，脉冲峰值功率（P_p）的计算公式为

$$P_p=P_a/D$$

根据实践结果可知，脉冲峰值功率越大（即每次脉冲照射时的能量越高)，每一脉冲的加工量越大，板材的加工能力越高，其切割面的质量更好。

2）加工透镜

相对于加工材料的表面而言，激光束聚焦后，焦点所在位置称为焦点位置，焦点位置处功率密度最高。焦点深度指在焦点附近能得到与聚焦处光斑直径相同大小光斑的范围。焦距表示从透镜位置到焦点的距离，焦距直接影响焦点位置处的光斑直径与焦点深度。激光照射的功率密度和能量密度都与激光光斑直径 d 有关。为了获得较大的功率密度和能量密度，在激光切割加工过程中，光斑尺寸要求尽可能小。而光斑直径的大小主要取决于从振荡器输出的激光束直径及其发散角的大小，同时还与聚焦透镜的焦距有关。对于一般激光切割中应用较广的 ZnSe 平凸聚焦透镜，光斑直径 d（mm）与焦距 f（mm）、发散角 θ（rad）及未聚焦的激光束直径 D（mm）之间的关系可按下式进行计算：

$$d=2f\theta+\frac{0.03D^3}{f^2}$$

激光束聚焦状况及发散角与光斑直径的关系如图 3.2 所示，由图可知，当激光束本身的发散角变小时，光斑的直径也会变小，就能获得更好的切割效果。

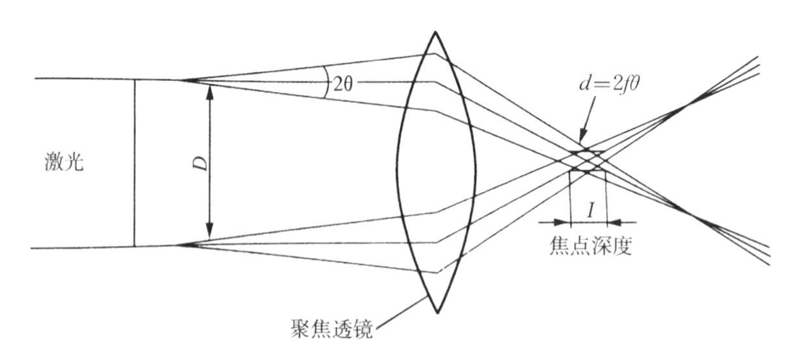

图 3.2　激光束聚焦状况及发散角与光斑直径的关系

当透镜焦距增加，使聚焦光斑尺寸增加一倍，即从 Y 到 $2Y$ 时，焦点深度可随之增加到 4 倍，即从 X 到 $4X$。图 3.3 所示为短焦距透镜与长焦距透镜，其中长焦距透镜的光斑直径和焦点深度较大，而短焦距透镜的则相对较小。焦点光斑直径和聚焦透镜的焦点深度成正比，聚焦透镜焦点深度越小，焦点光斑直径就越小，焦点处的能量就越集中。

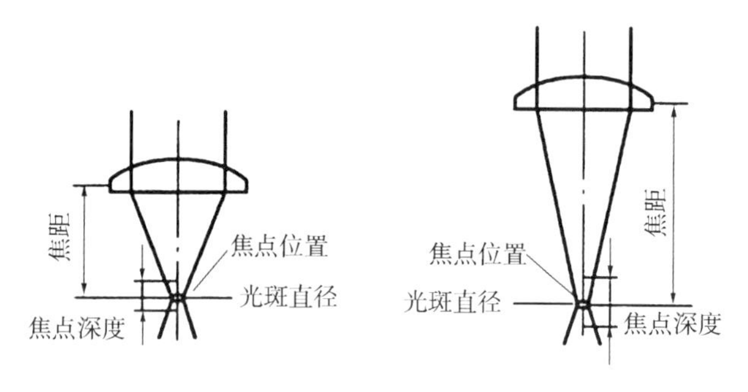

图 3.3　短焦距透镜与长焦距透镜

减小透镜焦距有利于缩小光斑直径，但焦距减小，焦点深度变小，切割较厚板材时，就不利于获得上部和下部等宽的切口，影响割缝质量；同时，焦距减小，透镜与工件的间距也会缩小，切割时熔渣会飞溅黏附在透镜表面，影响切割的质量和透镜的寿命。

光束经短焦距透镜聚焦后，光斑直径较小，焦点处能量密度高、熔融能力强，但焦点深度很小，调节余量小，一般适用于薄件高速切割，但需注意控制透镜和工件的间距，使其保持恒定。长焦距透镜的聚焦光斑功率密度较低，焦点深度大，能够用来切割厚断面材料，可加宽割缝的宽度，使辅助气体更顺畅地吹除熔融金属。

对于实际切割应用来说，最佳的光斑尺寸还要根据被切割材料的厚度来考虑。如用输出功率相同的激光束切割钢板，随着板厚增加，为了获得最佳切割质量，光斑尺寸也应适当增大。

3）喷嘴

优质的喷嘴，其材质导电率高、导热效果良好。比如，紫铜材质的喷嘴比黄铜材质的喷嘴导电导热性能好，能传输高质量的电容信号，能保证稳定的切割。但同时，紫铜的加工难度较大，成品报废率高，因而成本也较高。

（1）喷嘴结构

辅助气体的流速与切割喷嘴的结构和形式紧密相关，喷嘴类型可分为单层喷嘴和双层喷嘴。

①单层喷嘴。使用单层结构的切割喷嘴，可以通过扩大喷嘴直径来提高辅助气体对工件加工部位的覆盖。但这会使辅助气体的流速及压力的可控范围变小，割缝内的熔融金属容易反弹进入切割头，从而损坏透镜。图 3.4 所示为单层喷嘴，图 3.5 所示为单层喷嘴常见的内部结构。

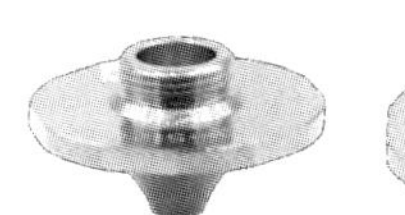
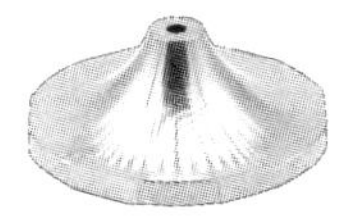

图 3.4　单层喷嘴

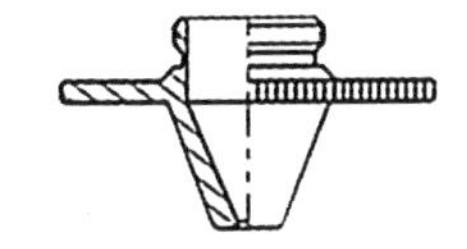

图 3.5　单层喷嘴常见的内部结构

②双层喷嘴。相较于单层结构喷嘴，双层结构喷嘴的外侧喷嘴喷出的辅助气体对中央喷嘴喷出的辅助气体起到辅助作用。双层喷嘴的工作原理为辅助气体通过内芯后会二次膨胀，此时气体流速提升，从端部的中央喷嘴口喷出，并从工件表面向下方深入，气体的纯度在燃烧的过程中降低，而从外侧喷嘴喷出的辅助气体则会把纯度下降的气体补充上。随着切割的深入，外侧喷嘴喷出的辅助气体还可以起到挡住外部气体混入割缝的作用。图 3.6 所示为双层喷嘴，图 3.7 所示为双层喷嘴常见的内部结构。

图 3.6 双层喷嘴

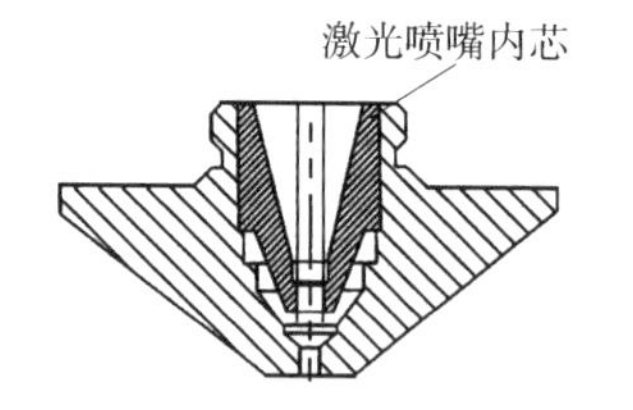

图 3.7 双层喷嘴常见的内部结构

单层喷嘴一般用于氮气切割不锈钢，以及对精度或表面要求高的精细切割。双层喷嘴因其气体流速较高，一般用于高速切割。氧气切割碳钢一般选用双层喷嘴，其速度快，但割缝较宽，且切割面会因氧化而发黑。图 3.8 及图 3.9 分别显示了使用单层喷嘴与双层喷嘴的切割效果。一般来说，若使用单层喷嘴，板材越厚，板材下部分的氧化反应就会越滞后，切割前沿的下半部分滞后于加工的前进方向时，就会脱离出氧气的喷射范围，混入空气。即使提高切割速度，同样也会出现切割前沿下半部分滞后的现象。而采用双层喷嘴，能有效利用从双层喷嘴喷射出的辅助气体阻止空气的侵入，从而达到维持辅助气体浓度的目的。

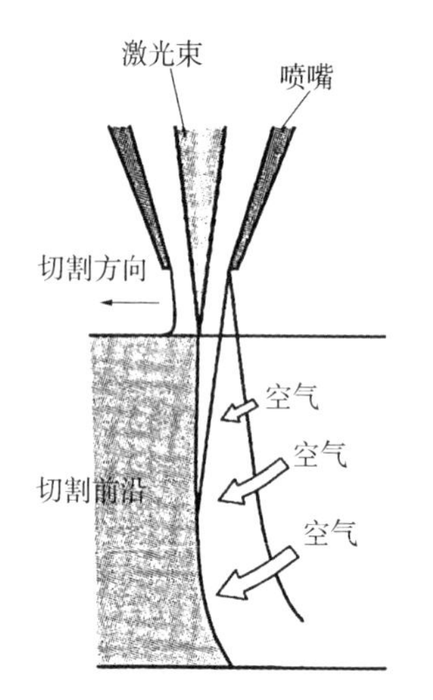

图 3.8 使用单层喷嘴的切割效果

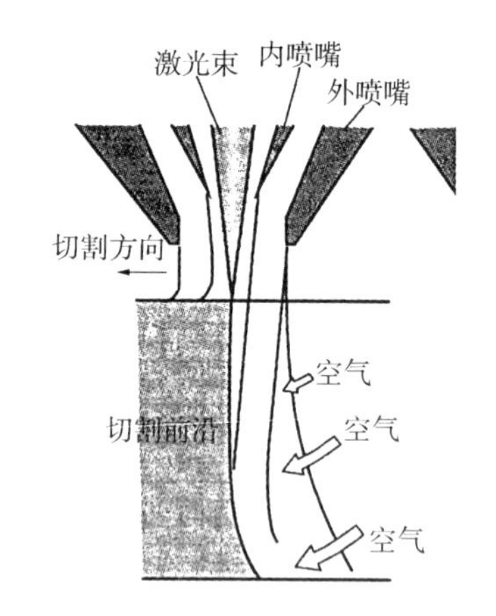

图 3.9 使用双层喷嘴的切割效果

（2）喷嘴直径

喷嘴孔尺寸必须允许光束顺利通过，避免孔内光束与喷嘴壁接触。显然，喷嘴内径越小，光束准直越困难。另外，喷嘴喷出的辅助气体必须将去除割缝内熔融产物和加强切割作用有效地耦合。喷嘴的直径大小决定着激光熔化、燃烧的可限制范围，以及从喷嘴喷射出的辅助气体流量及浓度。

以氧气切割碳钢板为例，3 000 W 的光纤激光切割机切割 3 mm 以下的薄板时，一般选用直径 1 mm 的喷嘴，这样切割的缝隙就会比较细，如果喷嘴直径再大一些则割缝会比较粗；切割 3 mm～10 mm 厚度的板材时，则建议选择直径 1.5 mm 的喷嘴，这样切割时比较稳定；切割 10 mm 以上厚度的板材需要选择直径更大的喷嘴，如：2.0 mm、3.0 mm、4.0 mm、5.0 mm 等。8000 W 及以上的光纤激光切割机切割10 mm厚的碳钢时，使用的喷嘴直径为 1.0 mm 或者 1.2 mm，直径 1.0 mm 的喷嘴的切割断面质量会高于直径 1.2 mm 的断面质量。切割更厚的板材则需要使用直径为1.4 mm、1.5 mm、1.6 mm、1.8 mm 的喷嘴。

以氮气切割不锈钢为例，每种功率的机床都有自身可加工板材的能力范围，在切割薄板时会使用直径 2.0 mm 的喷嘴，针对中等厚度的板材会使用直径 3.0 mm、4.0 mm的喷嘴，在切割较厚的板材时会使用直径 5.0 mm 甚至直径 6.0 mm、7.0 mm 的喷嘴。

总之，板材越厚，切割时就需要选择直径更大的喷嘴。

（3）同轴度

同轴度指的是喷嘴出光孔与激光束的同轴度，需要确保喷嘴中心与激光束中心在同一直线上，即从横截面看为同心圆。

喷嘴不但可以防止切割熔渍等杂物往上反弹进入切割头损坏保护镜片，还可以改变切割气体喷出的状态，并通过控制气体扩散的面积及大小，影响切割质量。而喷嘴出口孔与激光束的同轴度以及喷嘴出口孔中心的圆度是影响切割质量优劣的重要因素。当喷嘴出口孔发生变形或有熔渍时，将直接影响同轴度，且工件越厚，对同轴度的影响越大，甚至会导致激光无法切透板材。当喷嘴与激光束不同轴时，从喷嘴吹出的辅助气体量不均匀，激光切割过程中会出现一边有熔渍，另一边没有的现象，如图 3.10 所示。

为保证同轴度，在使用喷嘴时应注意：喷嘴应小心保存，避免因碰伤而造成变形；及时清理喷嘴上沾有的熔渍；注意正确安装喷嘴；若喷嘴的状况不良，应及时更换。

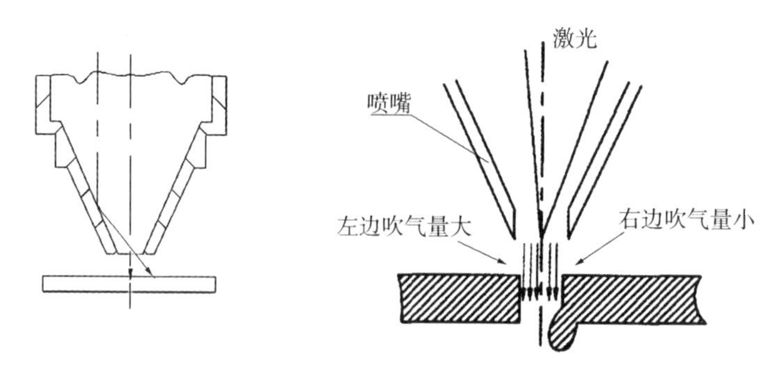

图 3.10　喷嘴与激光束不同轴的切割现象

任务2　工艺参数的影响

在设备性能自身状态完好的情况下，激光切割各工艺参数设置对切割质量的影响也是十分复杂的。只有将这些工艺参数调整到适合的状态，切割出来的工件才能符合要求。

1）激光功率

激光功率是直接影响加工材料熔融能力的参数。激光功率的大小对切割厚度、切割速度、切口宽度和切口质量等都有很大影响。一般来说，激光功率越大，所能切割的板材越厚，切割速度也越大。而随着功率的增加，切口宽度也会略有增加。此外，在不同的操作过程中，激光器的稳定性能与功率的大小是分不开的，功率越高，激光器呈现的稳定性越好。激光器稳定性越好，切割质量越好，切割面越光滑平整。

通过观察切割过程中火花的溅射状况可以判断选择的激光功率是否恰当。在切割过程中，火花的状态受割缝内熔融金属流动情况的直接影响。当功率设置合适时，从加工材料下方溅射出的火花呈直线形，稍滞后，形貌纤细，如图 3.11 所示。此外，还可以通过观察加工后钣金件的切割断面情况来判断质量好坏，图 3.11 中切割面波痕细腻，无溶渍，代表加工质量佳。当功率大于最佳值时，切割点周围的热影响区变大，会出现尖角熔化的现象，且切割面上的波痕间距会变大，从上到下呈直线状，如图 3.12 所示。当功率小于最佳值时，切割断面的下部粗糙度会明显变高，底部的金属毛刺也很难除去（图 3.13），甚至会无法切割（图 3.14）。

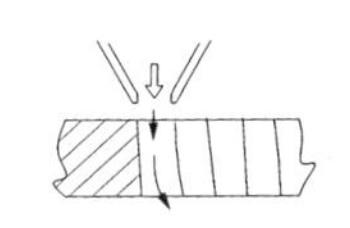
图 3.11　功率适当

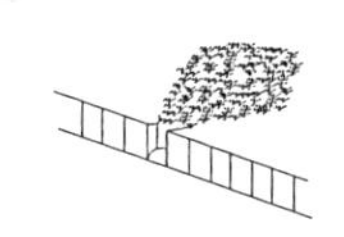
图 3.12　功率过大

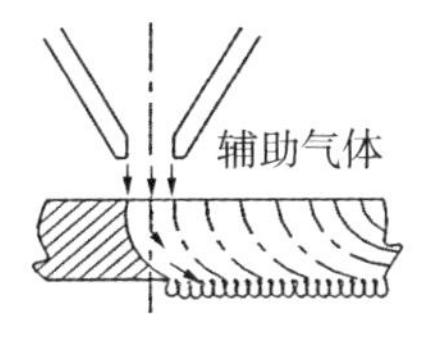

图 3.13　功率不足

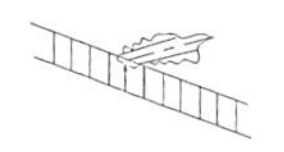
图 3.14　功率太小

2）切割速度

激光切割的速度对切割工件质量有很大的影响，工件所允许的最大切割速度要根据能量平衡和热传导进行估算，在一定的切割条件下，有最佳的切割速度范围。在阈值以上，切割速度直接与有效功率密度成正比，而后者又与光束模式或光斑尺寸有关。因此切割速度随下列因素变化：光束功率、光束模式、光斑尺寸、材料密度、开始气化所需能量和材料厚度。

切割速度与被切割材料的密度和厚度成反比。适当的切割速度能够保证切割平稳，切割断面过渡光滑，表面粗糙度较低。当切割速度过低时，切割点处的金属还来不及氧化就已经冷却，从而导致断面挂渣或切不透板材；当切割速度过高时，激光与材料相互作用的时间加长，热影响区增大，切口宽度随之增大，因为切割速度跟不上熔化速度，过剩的反应热会使切口发生过度熔化，造成过熔现象。

切割速度对热影响区大小、割缝宽度和切口粗糙度有较大的影响。随着切割速度增加，割缝顶部的热影响区和割缝宽度都会减小，但割缝底部宽度减小到最小值后会保持不变。速度过低时，氧化反应热在切口前沿的作用时间延长，切口宽度增大，切口呈波浪形，切割面粗糙度增加。随着切割速度的提高，切口逐渐变窄，直至上部的切口宽度相当于光斑直径，此时切口呈上宽下窄的楔形；继续增加切割速度，上部切口宽度仍继续变小，但下部相对变宽，形成倒楔形。

综上所述，切割速度取决于激光的功率密度及被切材料的性质和厚度等。切割速度过快，切口清渣不净；切割速度过慢，则材料过烧，切口宽度和材料热影响区过大。

可通过观察切割火花的状态来判断切割速度的快慢。图 3.15 显示了不同切割速度下的切割火花效果，如果切割速度合适，激光切割的火花会由上向下均匀扩散；如果切割速度过快，则火花向某一边倾斜；如果切割速度过慢，则火花聚集在一起不扩散。

图 3.15　不同切割速度下的切割火花效果

3）喷嘴高度

喷嘴高度是指被加工板材表面和喷嘴口之间的距离。喷嘴喷出的辅助气体的浓度，随着喷嘴高度的增加逐渐降低，这是因为喷出的气体中卷入了周围的空气。如图 3.16 显示了辅助气体在切割过程中的状态。喷嘴高度过高时，气体损耗过多，容易造成能量损失，从而出现切不透的现象；喷嘴高度过低时，会对透镜产生强烈的返回压力，影响切割时溅射物质的驱散能力，也可能使板材变形或损伤切割头。因此，在切割工件时，要设置合理的喷嘴高度，一般设置喷嘴高度为 0.3～1 mm。在板材表面不是很平整的情况下，工件不同部位的加工高度略有不同，这就需要依靠激光切割设备自带的高度随动系统小幅度自动调节喷嘴的高度。

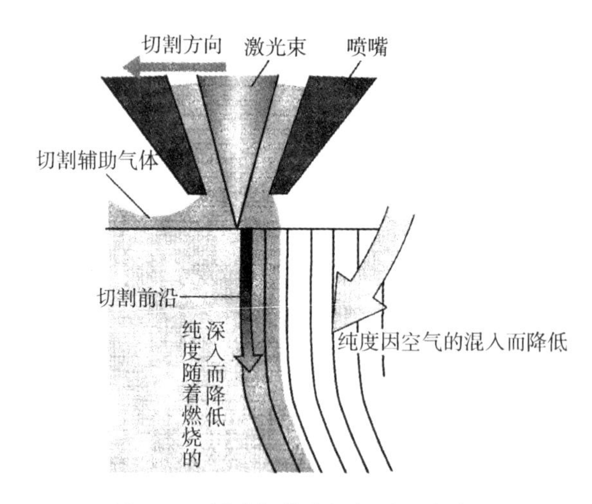

图 3.16　辅助气体在切割过程中的状态

4）辅助气体

辅助气体的类型和压力对激光切割效率和质量有很大的影响。通常，辅助气体与激光束由喷嘴同轴喷出，在切割过程中不仅能够吹除割缝中的熔融物质，清洁割缝，还能冷却加工材料的表面、减小热影响区以及冷却聚焦透镜，防止烟尘进入污染镜片，避免镜片过热。

某些金属对激光的反射率较高，使激光能量不能有效地射入金属表面，而辅助气体受高能量激光照射后会迅速离解成等离子体。这些等离子体紧贴在工件表面，具有良好的吸收激光的能力，并能将所吸收的光能传送到工件上，使切口区迅速加热到足够高的温度。因此，通过喷吹辅助气体可提高材料对激光的吸收率。此外，对于铁系金属的切割，采用氧气作辅助气体能够促使金属表面氧化，加剧切割过程中的氧化反应，提供大量的热，加速切割过程，从而提高切割能力和质量。

（1）辅助气体的类型

可以采用氧气、氮气、空气或惰性气体作为切割辅助气体，辅助气体的种类对激光切割也有一定的影响。不同的辅助气体，其适用范围、切割效果和切割速度也不尽相同。一般来说，氧气的切割速度最快，氮气的切割效果最好，空气的切割成本最低。

①氧气。采用氧气作辅助气体能够促使金属表面快速氧化，其产生的氧化膜还可以提高加工板材的光束吸收率，从而提高切割的效率。通过增加吹氧压力还可使割缝减小，防止熔化材料再黏结。使用氧气切割金属板材时，其切割断面会形成氧化膜，一般呈黑色或暗黄色。一般适用于氧气切割的板材有碳钢、不锈钢、电镀钢板、铜及铜合金等。

②氮气。切割易燃材料时，可采用惰性气体或氮气，能有效防止材料燃烧。采用氮气切割可以避免氧化膜的出现，其切割断面略微发白。一般适用于氮气切割的板材有不锈钢、电镀钢板、黄铜、铝及铝合金等。

③空气。切割带有金属夹层的易燃材料时，宜采用压缩空气，可由空气压缩机直接提供，成本较低。空气中大约含有20%的氧气，其切割效率远不及氧气，切割能力与氮气相近。使用空气切割金属板材时，其切割断面会出现微量的暗黄色的氧化膜。一般适用于空气切割的板材有不锈钢、黄铜、铝及铝合金等。

④氩气。氩气为惰性气体，采用氩气切割可防止切割断面氧化和氮化，其切割断面略微发白。一般适用的于氩气切割的板材有钛及钛合金等。

（2）辅助气体的气压

激光切割对辅助气体的基本要求是进入割缝的气流量要大、速度要高，以便有充足的气体使割缝处的材料充分进行放热反应，并有足够的动能将熔融物质吹除。但是辅助气体从喷嘴喷出后，气体流速将在周围环境的影响下逐渐下降，气体浓度随着与喷嘴距离的增加而逐渐下降，图 3.17 所示为从喷嘴喷出后辅助气体的浓度变化。为了尽量维持从喷嘴喷射的气体浓度，必须提高辅助气体的压力，可通过增加气体流量或增大喷嘴孔径来实现。

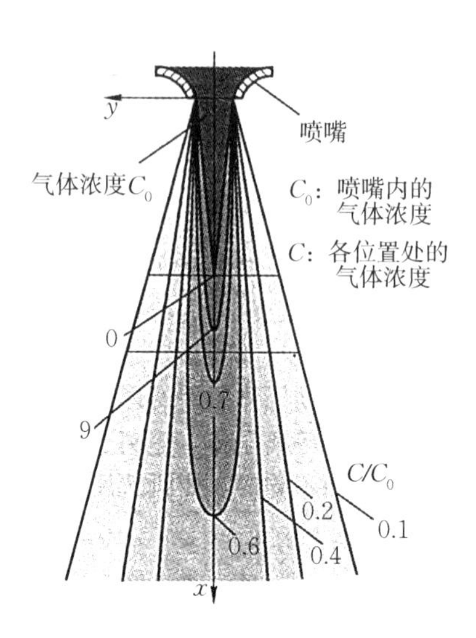

图 3.17　从喷嘴喷出后辅助气体的浓度变化

辅助气体的纯度越高，切割的质量越好。若切割使用的气体纯度不高，则不但影响切割的质量，还会污染镜片。在保证气体纯度的前提下，气压的高低对切割质量也有一定的影响。气压不足，则切割速度无法提升，影响生产效率，吹不走割缝中的熔融材料，会在切割断面产生熔渍（见图 3.18）。增加气体压力可以提高切割速度，但是达到一个最大值后，继续增加气体压力反而会引起切割速度的下降。气压过高，会在工件表面形成涡流，削弱气流去除熔融材料的作用，导致切割断面粗糙且割缝较宽（见图 3.19）。在使用氧气切割碳钢时如果气压过高，甚至可能出现切割断面熔化的现象。

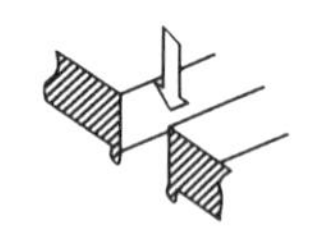

图 3.18　气压不足

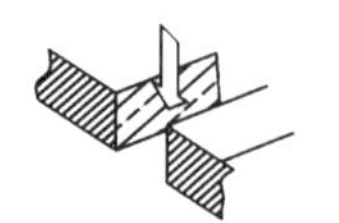

图 3.19　气压过高

以氧气切割碳钢为例，当激光输出功率和切割速度一定时，氧气压力增大，则氧气流量变大，氧化反应速度也会随之加快，氧化的热反应能量加大，使割缝变宽，工件的断面波痕条纹深而粗，导致切割断面粗糙；氧气压力减小，则氧气流量变小，氧化速度减慢，割缝变窄，工件的断面质量提高。当氧气压力降低到某一数值时，切口材料将不完全氧化，此时割缝下表面会黏附较多的熔融金属，甚至不能切透工件。

5）焦点位置

激光切割时焦点位置对割缝宽度和表面粗糙度都会产生很大的影响。焦点位置正确是获得稳定切割质量的重要条件。另外，切割质量还与激光束聚焦系统的特征有关，即激光束聚焦后的大小对激光切割质量有很大影响。表 3.1 显示的是不同焦点位置的特点及适用范围，其中 Z 表示激光束的焦点与加工材料上表面的相对位置。$Z>0$ 表示激光束的焦点位置在加工材料上表面的上方；$Z=0$ 表示激光束的焦点位置在加工材料上表面处；$Z<0$ 表示激光束的焦点位置在加工材料上表面的下方。

表 3.1　不同焦点位置的特点及适用范围

焦点位置	特　点	适用范围
（1）$Z=0$	切缝最窄，可进行高精度加工	· 需要减轻坡度的加工； · 对表面粗糙度要求高的加工； · 高速加工； · 要减少热影响区的加工； · 微细加工
（2）$Z>0$	切缝下方变宽，可改善气体的流量和熔化物的流动性	· 厚板的连续波加工、高频率脉冲加工； · 压克力板加工； · 刀模加工； · 瓷砖加工
（3）$Z<0$	切缝上方变宽，可改善气体的流量和熔化物的流动性	· 铝材的空气切割； · 铝材的氮气切割； · 不锈钢的空气切割； · 不锈钢的氮气切割； · 镀锌钢板的空气切割

6）切割路径

在使用 CAM 编程软件设计工件的切割路径时，需要遵循以下几项原则：尽可能降低板材的变形程度；合理设置激光切割的起始点，确保板材平面的稳定性；优化切割路径，避免切割路径破坏工件，减少激光切割头空运行的时间，避免激光切割头因工件翘起发生碰撞等。

（1）降低板材的变形程度

设计切割路径时应遵循从小到大、由内到外的切割原则，即先切割小孔，再切割大孔，最后才切割外部轮廓。这样做有利于减少切割过程中因材料应力释放而导致的零件变形，从而提升切割精度。

若工件内部实际加工轮廓比较密集，为避免因按顺序切割导致工件局部热变形，可采用跳跃式切割。这虽然会增加空运行时间，但可以给工件足够的冷却时间，从而降低工件的热变形，保证工件轮廓形状及尺寸的精度。

针对对尖角有较高精度要求的工件，可以通过设置角处理的方式来避免尖角烧伤或产生毛刺，同时减少热影响区。图 3.20 所示为采用环绕切角的处理方式。

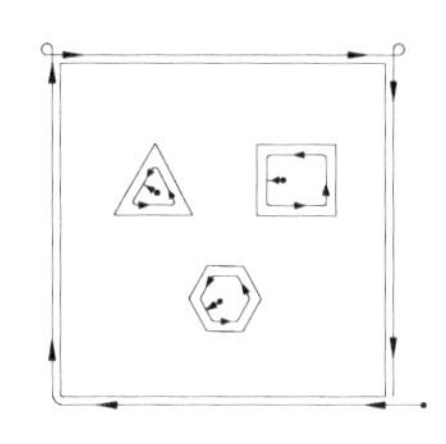

图 3.20　环绕切角

（2）合理设置激光切割的起始点

激光切割要从一个起始点开始，这个点被称为起始孔，即激光束在开始一次完整的轮廓切割之前需在板上击穿的一个小孔。穿孔位置与实际切割轮廓之间的切割线称为引入线，轮廓切割完毕后还继续切割的那部分切割线称为引出线。

穿孔过程会产生大量的热量，故在切割实际轮廓前，应尽量将该热量散掉，防止必用边发生热变形。激光切割工件时，无论内外轮廓，应将穿孔位置设置在板材废料区内，以保证工件的形状及尺寸的质量，同时还要加入必要的切割引入线及引出线。图 3.21 所示为穿孔位置。

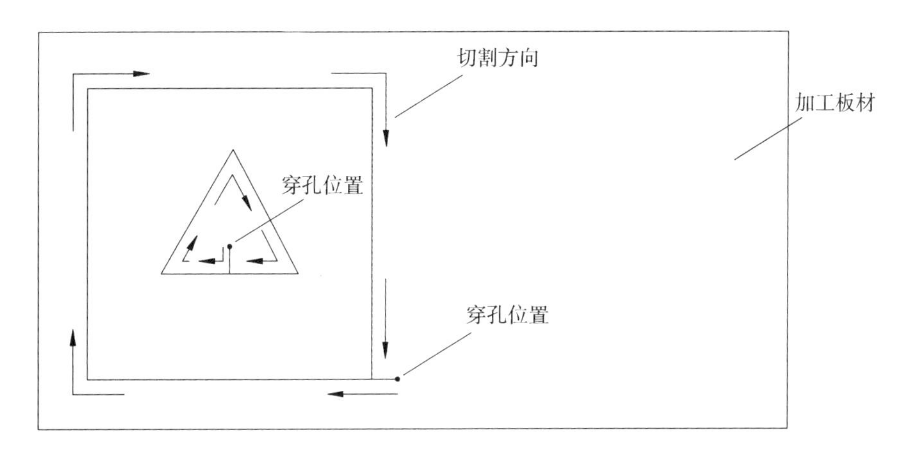

图 3.21　穿孔位置

（3）优化切割路径

在设计切割路径时，我们还要确保切割程序衔接过渡的稳定性和流畅性。切割过程中，已切割完的工件还可能会掉落，从而影响轮廓精度或者导致末端翘起而与喷嘴发生碰撞，此时可以通过添加微连接来解决此问题。所谓微连接，就是在切割时留下微小的切割余料，使工件不易掉落。图 3.22 所示为微连接处理。

针对多个轮廓较规则的零件，可以采用共边切割的方式以减少切割路径，提高切割效率及材料的利用率。

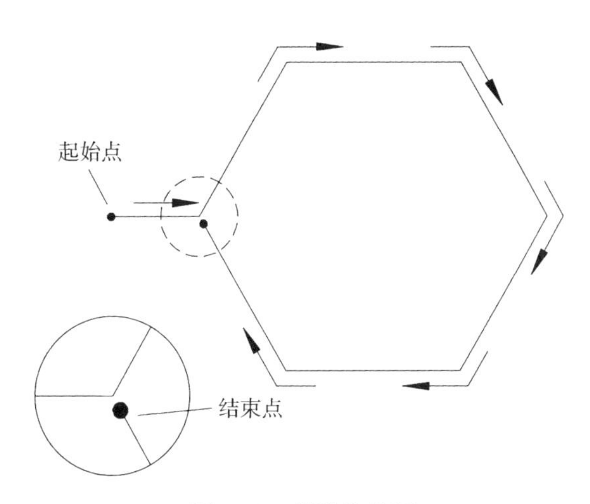

图 3.22　微连接处理

任务3　被加工材料属性的影响

在相同的切割工艺参数下，材料自身的因素也会对切割质量有很大的影响，板材的材质和厚度会影响到激光能量的消耗。材料的表面状况会影响到激光束吸收的稳定性，而加工形状又会影响到热量的扩散。因此，不同的材料具有不同的激光切割适应性。

1）材质

激光辐射到材料表面的过程，实际上是一个能量转移过程。其中，一大部分能量被材料表面反射，一部分直接透过材料，只有一小部分被材料吸收。在激光传播过程中，激光与材料相互作用中的能量转换遵循能量守恒定律：

$$E_0=E_{反射}+E_{透过}+E_{吸收} \tag{1}$$

式中，E_0为激光照射到材料表面的能量；$E_{反射}$为激光被材料反射的能量；$E_{透过}$为激光透过材料后仍保留的能量；$E_{吸收}$为激光被材料吸收的能量。

式（1）等号两边同时除以E_0，可以转化为

$$1=\frac{E_{反射}}{E_0}+\frac{E_{透过}}{E_0}+\frac{E_{吸收}}{E_0}=R+T+a \tag{2}$$

式中，$R=\frac{E_{反射}}{E_0}$为反射系数（反射率）；$T=\frac{E_{透过}}{E_0}$为透过系数（透过率）；$a=\frac{E_{吸收}}{E_0}$为吸收系数（吸收率）。对于金属这种不透明的材料，其$E_{透过}=0$，则有

$$1=R+a \tag{3}$$

由式（3）可知，真正被金属材料表面利用的激光能量主要与反射系数和吸收系数有关，且二者成负相关。材料的反射系数越大，吸收系数就越小，材料吸收的激光能量就越少；反射系数越小，吸收系数就越大，材料吸收的激光能量就越多，即材料对激光能量的利用率就越高。

激光照射在材料上被真正利用的有效能量的大小主要取决于材料反射系数和吸收系数，即材料的反射与吸收特性。反射率是表征材料对激光的反射程度的参数，吸收

率则是表征材料对激光的吸收程度的参数。金属一般是优良导体，其对激光的吸收主要是通过大量自由电荷的带间跃迁实现的，故金属材料对激光的吸收率与材料本身的电导率有关。对于导电能力较强的金属材料（如金、银、铜）来说，其电导率越高，反射率也越高。

图 3.23 所示为室温下常见金属的反射率与波长的关系，由图中曲线可看出，金属材料反射率随着波长的增加而增大，在长波段时反射率非常高。由此可知，波长为 1.06 μm 的光纤激光的反射率明显比波长为 10.6 μm 的 CO_2 激光反射率要低，则金属材料对光纤激光的吸收率比 CO_2 激光的吸收率高，故金属的切割、焊接等加工过程比较适合使用光纤激光器。

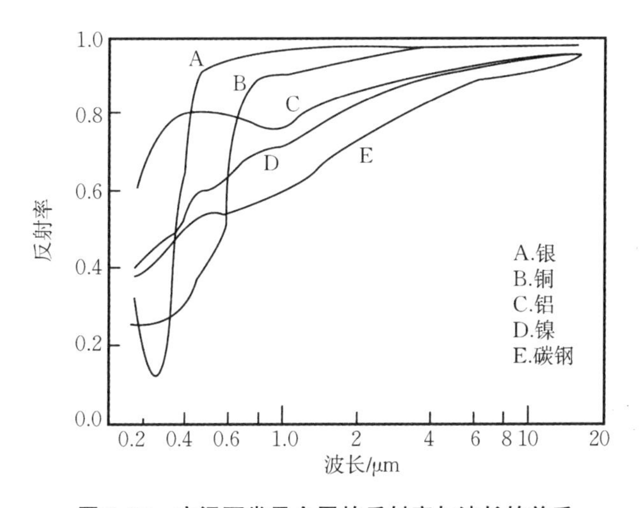

图 3.23　室温下常见金属的反射率与波长的关系

2）厚度

光纤激光切割机的加工对象主要有碳钢、不锈钢、铝合金、黄铜等金属材料，针对不同的金属材料，不同功率的光纤激光切割机切割金属的极限厚度不同。一般情况下，材料厚度与所要求的激光功率成正比，与切割速度成反比。表 3.2 显示了不同功率的光纤激光切割机切割各种材料的极限厚度（仅供参考）。在实际应用过程中，光纤激光切割机的切割能力还与其性能、切割环境、采用的辅助气体等因素有关，因此没有一个绝对标准判断其切割的极限厚度。若要提高切割厚度，则要以牺牲切割面效果和切割速度为代价。

表 3.2　不同功率的光纤激光切割机切割各种材料的极限厚度（仅供参考）　单位：mm

激光功率	3 000 W	6 000 W	8 000 W	12 000 W	150 000 W
碳钢	22	25	30	40	50
不锈钢	12	22	25	40	50
铝合金	10	22	25	50	50
黄铜	8	12	12	12	12

3）温度

图 3.24 为不同金属材料的吸收率与温度的关系，可以看出，金属材料对激光的吸收率会随温度的上升而增加，其主要原因是金属材料对激光的吸收率与材料本身的电导率有关，而电阻率是随着温度的变化而增大的。故可以通过预热的方式来增加激光的吸收率，进而改善激光切割的质量。

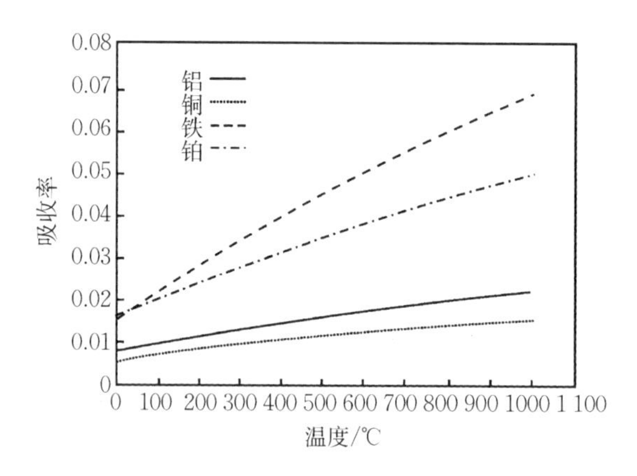

图 3.24　不同金属材料的吸收率与温度的关系

4）材料表面状态

同种材质，表面状态不同，对激光的吸收与反射能力也不同。金属表面状态主要包括两个方面：表面粗糙度和表面氧化物质层。一般来说，随着表面粗糙度的增加，材料对激光的吸收率也相应提高；材料表面氧化物质层有助于提高材料对激光的吸收率。可以通过在金属表面涂覆一层对激光吸收率较高的材料的方法来提高金属对激光能量的利用率。表面涂层的实质是利用涂层材料改变金属材料表面对激光的吸收特性，从而增加材料对激光的吸收率。也可以使用金刚石砂轮把材料表面的铁锈连同氧化层一同去除，待露出板材的金属面之后再进行加工。

练习题

一、单选题

1.（　　）是直接影响加工材料熔融能力的参数。

A. 辅助气体气压　　B. 激光功率

C. 速度　　D. 焦点位置

2.（　　）材质的喷嘴品质更佳，这种材质的导电率高、导热效果好。

A. 紫铜　　B. 黄铜

C. 不锈钢　　D. 铝合金

3. 设计切割路径时应遵循（　　）的切割原则。

A. 从小到大、由内到外　　B. 从小到大、由外到内

C. 从大到小、由内到外　　D. 从大到小、由外到内

4. 喷嘴的直径决定着（　　）。

A. 激光熔化的速度　　B. 喷嘴喷射出的辅助气体流量

C. 切割速度　　D. 焦点位置

5. 切割厚板时，应选用（　　）。

A. 焦点深度较小的长焦距透镜　　B. 焦点深度较大的长焦距透镜

C. 焦点深度较小的短焦距透镜　　D. 焦点深度较大的短焦距透镜

二、多选题

1. 金属表面状态主要包括（　　）。

A. 表面粗糙度　　B. 表面温度

C. 表面湿度　　D. 表面氧化物质层

2. 钣金件切割断面的质量标准有（　　）。

A. 钣金件整体切割均匀流畅　　B. 切口断面无毛刺

C. 切割速度快　　D. 切割断面整齐

三、判断题

1. 焦距表示从喷嘴出口到焦点的距离。 (　　)

2. 长焦距透镜的聚焦直径和焦点深度较大，而短焦距透镜的则相对较小。 (　　)

3. 氧气切割碳钢时，其产生的氧化膜可以提高材料的光束吸收率。 (　　)

4. 氧气切割碳钢一般选用单层喷嘴。 (　　)

5. 一般情况下，材料厚度与所要求的切割速度成正比。 (　　)

四、简答题

1. 请简述辅助气体在激光切割中的作用。

2. 应如何挑选喷嘴的材质？

3. 以氧气切割碳钢为例，请简述气体压力对激光切割质量的影响。

4. 请简述单层喷嘴与双层喷嘴的应用场景。

5. 在使用 CAM 编程软件设计工件的切割路径时，应遵循哪些原则？

第二部分

常用工艺及问题分析

项目4 激光切割穿孔工艺

项目描述

穿孔是激光切割的第一步，穿孔质量很大程度上决定了切割效果。激光穿孔过程中所产生的熔融金属，会喷溅到加工板材的表面并堆积在孔的周围，直至将板材穿透。优良的穿孔质量是保证光束和气流稳定的基础，故穿孔质量的好坏也直接影响到切割轮廓的质量。

激光切割的板材有不同的材质和不同的厚度，板材越厚，材质对激光的吸收率越低，穿孔难度越大。为了达到穿孔目的，在实际加工情景下可能会使用脉冲穿孔、变频穿孔等不同的工艺。根据辅助气体的不同，穿孔方式还可分为氧气穿孔、氮气穿孔、空气穿孔等。穿孔方式的选择和工艺参数的调节是一门很复杂的学问，掌握激光的穿孔工艺对激光切割的操作人员来说很重要。

本项目主要讲解什么是激光切割穿孔，在不同材质穿孔时会遇到的工艺问题及其解决方案。目的是让学生在了解激光切割穿孔原理的同时，掌握穿孔缺陷问题的解决方案。

任务1 激光切割穿孔

穿孔是激光切割的第一步，其工作内容是采用激光在指定的位置打出一个贯穿板材的孔洞，为之后的切割工作做准备。穿孔质量直接影响着切割质量和加工效率。如图 4.1 所示，光纤激光切割设备穿孔类型包括脉冲式穿孔和连续式穿孔两种。穿孔加工从激光束照射加热材料表面，到穿孔逐渐深入，直至最后穿透材料，是一个连续而不间断的过程。使用连续条件时，要把焦点位置设置在材料表面的上方（$Z>0$）以扩大加工孔径，然后再让焦点位置随着穿孔加工的深入而向下方移动，最终完成穿孔加工。使用脉冲条件时，则可起到抑制热量输入，实现小孔加工的效果。

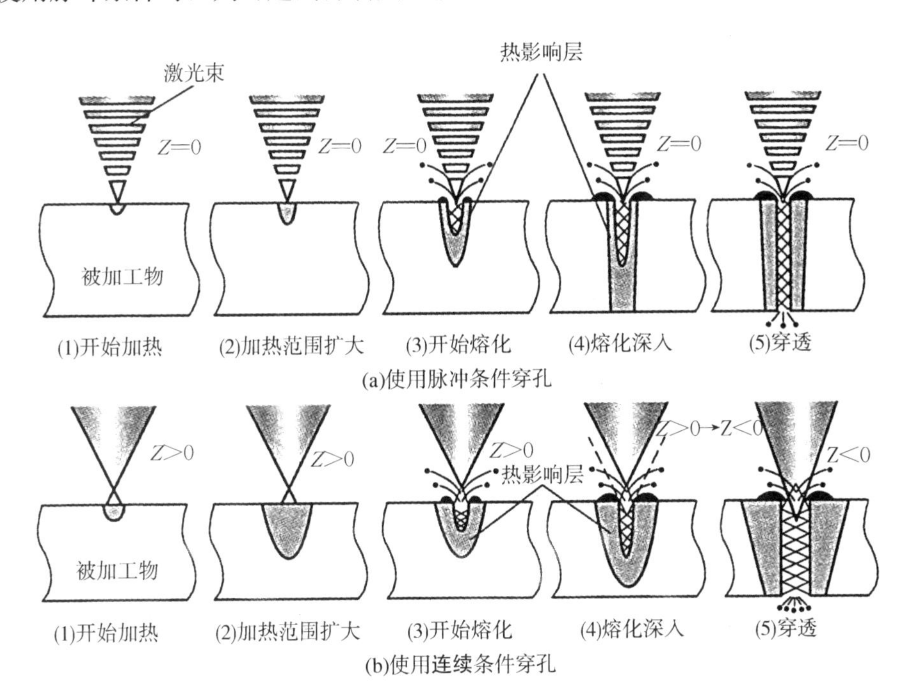

图 4.1　穿孔类型示意图

1）使用脉冲条件穿孔

脉冲式穿孔通过激光在照射和停止照射中不断反复来熔化（蒸发）材料、排出熔融物、进行冷却，穿孔由此渐渐深入。在熔化和排出过程中任何一方出现偏差，都会导致熔融金属向上逆喷或穿孔时间变长。当碳钢材料的板厚在 9 mm 以上时，如用脉冲条件穿孔，加工时间会急剧增加，但穿出的小孔直径仅为 0.4 mm 左右，比割缝窄，并且热影响区也较小。

使用脉冲条件穿孔还可以分为定频穿孔和变频穿孔。脉冲条件是由频率和占空比两个参数决定的，如果穿孔过程中保持恒定的频率及占空比，这种穿孔方式称为定频穿孔。在使用脉冲条件穿孔的过程中，随着穿孔深度的增加，穿孔需要的激光功率密度增高，排渣的时间也增长，所以目前在定频穿孔的方式上产生了变频穿孔这一穿孔形式。在穿孔过程中可以设置一个频率和占空比呈线性变化的曲线，随着穿孔时间和穿孔深度的增加，激光的频率越来越低，占空比越来越高，这样可以提升穿孔的能力，进而缩短穿孔时间，减小穿孔范围。

使用定频穿孔且频率在 100～200 Hz 范围内时，脉冲峰值功率设定得越高，穿孔质量越好。如果使用更高的频率，则只有熔融能力会变高，熔融金属的排出和冷却效果都会降低。使用变频穿孔的频率变化值为265～1 000 Hz时，穿孔效果最好，占空比需要根据穿孔的效果来确定：占空比太低会增加穿孔的时间甚至出现穿不透现象，占空比太高会造成能量堆积过多而引起爆孔。

2）使用连续条件穿孔

连续穿孔的弊端是会有大量熔融金属被喷到被加工物的表面，而当熔融金属不能从上面极小的孔径中排出时，就会导致过烧，但连续穿孔可以大幅缩短加工时间。图4.2是对12 mm厚的Q235钢分别使用不同直径的喷嘴用连续条件（2 000 W）进行穿孔后，材料的表面及背面的照片。喷嘴的直径相当于向穿孔处喷射氧气的范围，喷嘴的直径越大，穿出的孔直径也越大。

3）其他

一般条件下，穿孔条件是通过边观察脉冲条件或连续条件下的穿孔进展状况边进行调整的，最为理想的穿孔效果是孔径小，所需时间短。

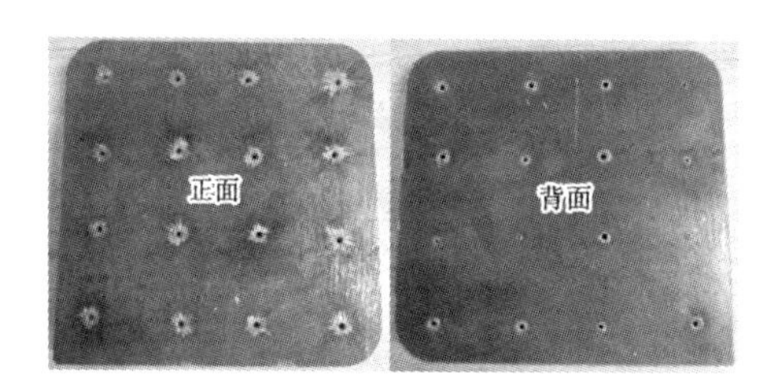

图4.2　12 mm厚碳钢穿孔效果图

任务2　提高穿孔效率的方案

穿孔是切割开始的第一步，几乎每一个轮廓的切割都需要一次穿孔，若轮廓上添加了微连接，则每一次微连接都需要再增加一次穿孔。加工中穿孔时间占据很重要的一部分，如何缩短穿孔的时间是激光穿孔工艺中一个在不断研究的课题。穿孔的类型不同，缩短时间的方法也不相同。

1）脉冲式穿孔

在使用脉冲条件进行穿孔时，只有激光照射时的熔融和蒸发作用与停止照射时的冷却作用搭配得当，才能获得良好的穿孔效果。如果只偏重于提高熔融和蒸发作用，容易导致过烧现象；而如果只注意增强冷却作用，穿孔时间会延长。要提高熔融能力和冷却能力，需要在短时间内照射出足够大的能量，并能同时确保照射后有足够的冷却时间。

图 4.3 为不同波形脉冲激光穿孔效率对比图，脉冲激光的输出能量 S 可用强度 E 与照射时间 T 的乘积来表示，使用相同强度和周期的矩形波和三角波脉冲激光在相同材质的板材上进行穿孔时，在同一周期内三角波激光输出能量为$S_1=T_1\times E\times\frac{1}{2}$，矩形波激光输出能量为$S_2=\frac{1}{2}T_1\times E$，显然，两种波形输出的能量是相等的。但是三角波脉冲激光在一个周期内的照射时间为矩形波的 2 倍，而激光照射板材时间越长，小孔周围热影响区域就越大，周围板材内能增加得也越多，被加工物内累积的热量过多时，在穿孔和切割时容易引起过烧。并且，在穿孔时间一定、激光强度一定的情况下，和三角波激光穿孔相比，矩形波激光的停止照射时间比三角波长 $\frac{T_1}{2}$ ，可提高穿孔时辅助气体的冷却能力，得到更小的热影响区。因此，矩形波激光穿孔的能量损耗更低，穿孔效率更高，穿孔质量更好。

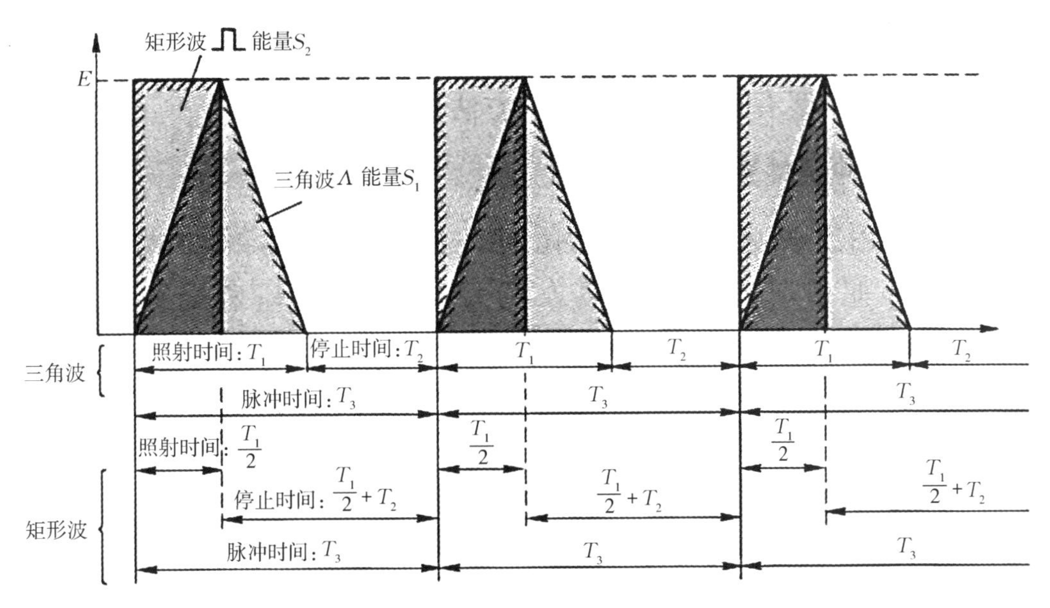

图 4.3　不同波形脉冲激光穿孔效率对比图

表 4.1 显示了在两种波形下的不同穿孔效果，矩形波脉冲激光穿透板材用时 4 s，三角波激光用时 6 s，显然矩形波穿孔更快。而使用三角波激光穿孔会造成更大的热影响区，熔化更多的金属，从而导致孔径比矩形波激光穿孔的大。

表 4.1　不同脉冲波形激光穿孔效果

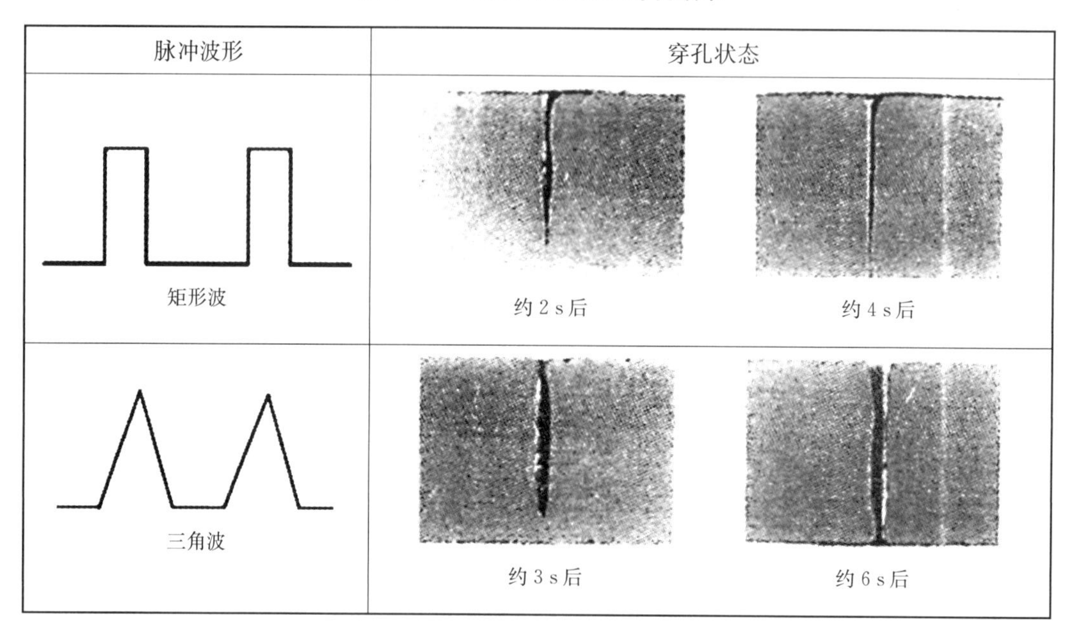

脉冲波形	穿孔状态	
矩形波	约 2 s 后	约 4 s 后
三角波	约 3 s 后	约 6 s 后

图 4.4 所示为在切割 6 mm 厚 Q235 钢时，不同脉冲峰值功率与平均功率激光穿孔效果对比。可以看到，平均输出功率一定时，峰值功率为 500 W 和 1 000 W 的脉冲激光穿孔时间有明显的差异。脉冲峰值功率越高，穿孔所需的时间就越短。综上所述，使用高峰值矩形脉冲波形的激光穿孔效果最为理想。

2）连续式穿孔

连续式穿孔的优点是可以缩短穿孔时间，但随着板厚的增加，熔融范围将会不断扩大，从而影响加工质量。并且连续式穿孔易导致过烧现象。板厚超过 12 mm 时，喷嘴要尽量选择小口径。在重视切割面质量的厚板切割

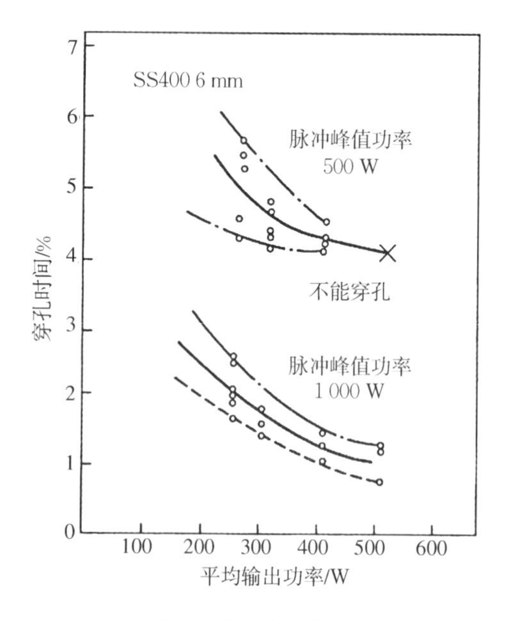

图 4.4　不同脉冲峰值功率与平均功率激光穿孔效果对比

中，则需分别选择穿孔用喷嘴与切割用喷嘴。

3）根据穿孔的进展情况来调整条件

在穿孔加工中，当激光束的照射量过大或过小时，应边观察穿孔时的火花和孔的排渣情况，边调节功率、频率、占空比、时间、焦点、穿孔高度等条件，直到将条件调整到最优为止。

调整条件时，在有专业设备时可通过传感器观察穿孔部分熔融状态的辉度［辉度是对（消色）发光强度的主观感受，用以说明表面辐射光的程度］，没有专业器材时可以通过听穿孔的声音、看排渣的火花来进行判断。当熔融范围有扩大倾向时，就降低激光的强度；反之，当熔融作用下降时，就加强激光的强度，最终达到小孔径高速穿孔的目的。

在实际生产应用中，穿孔是分阶段进行的。一般薄板穿孔或厚板的表层穿孔使用一阶段穿孔，二三阶段用于厚板的中厚端的穿孔。为提升穿孔效率，一阶段一般使用连续模式穿孔，二三阶段使用矩形波脉冲式穿孔。在选择设备时，设备的激光器功率越高，穿孔时间越短。

任务3　解决穿孔缺陷的方案

在实际生产情境下由于激光功率不同、板材材质和厚度不同，有时会出现穿孔缺陷，此时就需要设备的操作人员进行穿孔参数的调节。

穿孔缺陷一般是指穿孔过程中或者结束时发生的爆孔、过烧、穿孔不透、小孔周围熔渣过多等现象。造成穿孔缺陷的主要原因可以通过以下几个方面进行分析：产生缺陷的瞬间、产生缺陷的位置、产生缺陷的时间及产生缺陷的材料。

1）产生缺陷的瞬间

缺陷是在何时产生的，是在穿孔途中，还是在穿孔过后刚刚开始切割时。

（1）穿孔途中

穿孔的参数要根据穿孔进程的变化进行调整，如果是在穿孔途中产生穿孔缺陷，就需要看缺陷是产生在穿孔的哪一个阶段。确定好缺陷产生的阶段之后再根据缺陷的类型来判断其产生的原因，进而修改该阶段的穿孔参数。在穿孔的过程中产生的缺陷一般是爆孔，引起爆孔的原因包括：占空比过大、激光功率峰值过大、频率过高等。找到爆孔的原因之后再根据情况进行相应的调整，如：降低占空比、降低频率等。

（2）穿孔结束后

在穿孔结束后产生的缺陷一般为穿孔不透、孔周围表面熔渣过多。穿孔未穿透就直接由穿孔状态转变为切割状态，就会造成缺陷，此时应该延长穿孔时间。穿孔后小孔周围熔渣过多则需要对穿孔进行优化，更改为脉冲条件来减少熔渣的产生，或者在穿孔结束后、切割开始前进行除渣的操作。

2）产生缺陷的位置

如果穿孔缺陷集中在加工平台上的某一特定位置，那么可能是因为激光和喷嘴的中心出现了偏离，需要进行调整。

穿孔位置密集或穿孔位置位于切割线附近时，穿孔处很容易处于高温状态。在板材温度过高的位置穿孔容易造成穿孔缺陷，加工缺陷会随着温度的升高而增加。要减少缺陷，加工就应尽量在材料的冷却状态下进行，因此需要对加工路线进行最优设计，避免在某一区域有加工密集轮廓。可以通过预穿孔和加长冷却间隔时间来解决热量堆积过多造成的缺陷。

3）产生缺陷的时间

如果在稳定的加工参数下加工一段时间后产生穿孔缺陷，且穿孔位置的板材没有过热，此时缺陷产生的原因可能是光路的问题。一般情况下是镜片被污染了，此时应该检查切割头的保护镜片是否干净，如果保护镜片被污染了，更换保护镜片即可。如果不是保护镜片的问题，就需要检查是否是激光器出光功率的问题或者是切割头内的聚焦扩束的问题。可以打开激光器监控软件来查看实时的出光功率以及激光器是否有其他报警。切割头内部镜片的问题则需要联系售后工程师。

4）产生缺陷的材料

判断缺陷产生的原因是否来自材料时，首先要查看该材料是否被使用过。如果该材料曾经正常加工且在二次加工时使用同样的加工工艺，那么在加工时产生缺陷的原因很可能是加工机或光学元件出现了故障。如果材质发生了变化，那么需要在连续加工前对穿孔时间进行确认，或者对整个加工时间进行调整。

任务4　解决不锈钢穿孔产生须状毛刺的方案

相对于其他金属板材的穿孔，不锈钢的穿孔难度较低，但是不锈钢一般使用氮气或空气穿孔，穿孔气压比氧气穿孔的气压大，因此穿孔结束后不锈钢表面可能会产生须状毛刺。

在不锈钢的穿孔加工中，激光束一照射到金属上，金属就开始熔融。熔融物将被喷到材料表面，飞溅到小孔的周围，并形成须状毛刺，如图 4.5 所示。这些须状毛刺会使切割面出现划痕，还会影响到静电容量传感器的仿形动作。一般情况下，喷嘴与工件间的间隔通过传感器对该空间的静电容量进行测量并加以控制，焦点会维持在正确的位置上。但当喷嘴接触到穿孔中所产生的熔融物时，传感器会误以为是喷嘴与工件发生了接触，而使激光切割机停止加工。

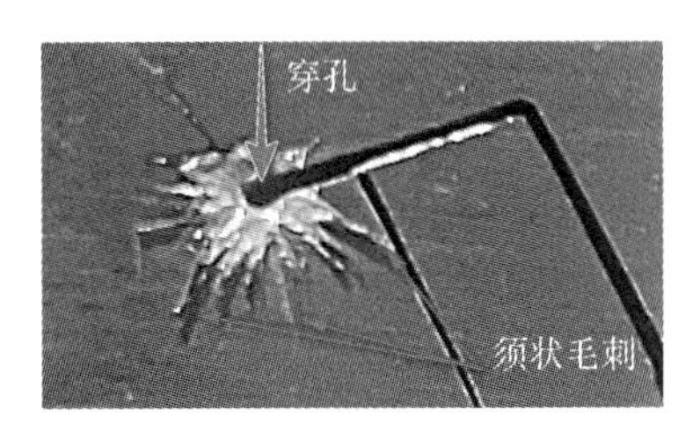

图 4.5　不锈钢穿孔

如图 4.6 为须状毛刺在切割过程中碰撞切割头的示意图。若须状毛刺高于切割机设置的随动高度，则会在切割时发生喷嘴碰撞报警。一般须状毛刺较长，且越靠近外围毛刺翘起越高，如果编程时设置引线过短且毛刺和切割路径相交，那么在切割与须状毛刺相交的轮廓时也会发生碰撞报警。

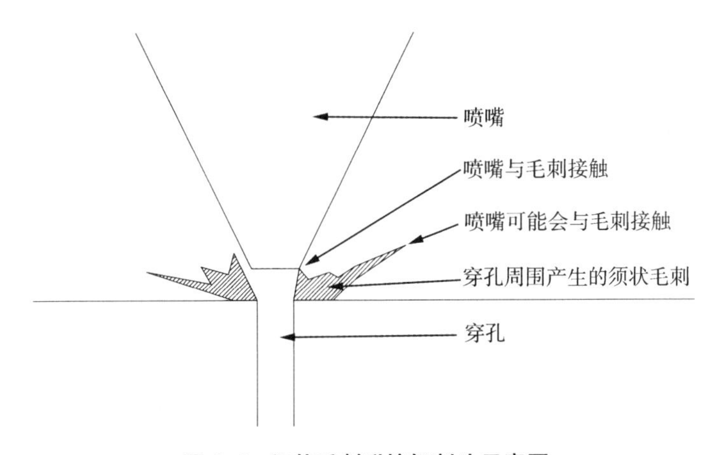

图 4.6　须状毛刺碰撞切割头示意图

辅助气体使用氧气时，熔融金属会在穿孔过程中氧化，不会形成须状毛刺，且氧化的熔渣与不锈钢材料表面间的紧贴性也不强，因此不会在小孔周围堆积。而辅助气体使用氮气时，熔融金属不会被氧化，此时熔融金属的黏度较低，在辅助气体的压力下会伸展成为须状毛刺，且由于该熔融金属与材料表面间的紧贴性较强，将在小孔的四周堆积。

如图 4.7 所示，防止熔融金属飞溅、黏着的方法包括：减少发生量，防止黏附，黏附之后去除。

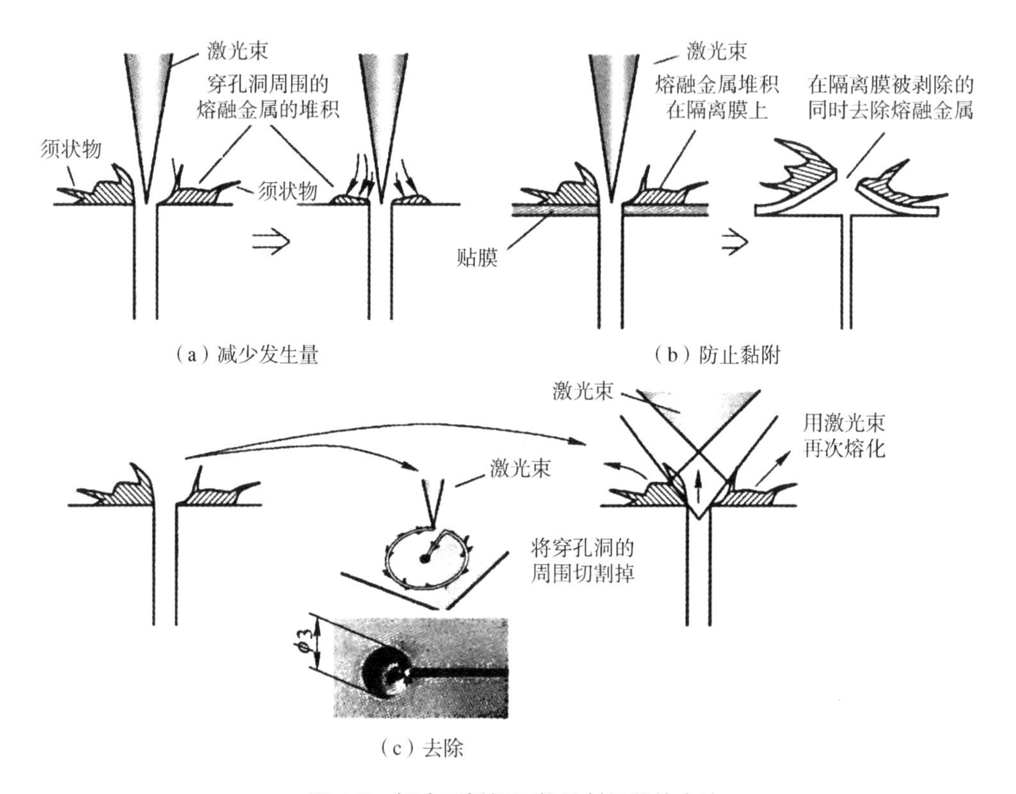

图 4.7　解决不锈钢须状毛刺问题的方法

1）减少发生量

①调整穿孔条件，提高频率且降低单一脉冲的输出功率可有效减少熔融物的量。图 4.8（a）（b）分别为以频率 200 Hz 和 1 500 Hz 加工 3 mm 厚不锈钢的效果图，通过观察可以发现，使用高频穿孔的板材表面几乎没有熔渣，而低频穿孔的熔渣较多。

需要注意的是，在相同的功率和占空比条件下，高频率的每一次脉冲的能量会比低频率的每一次脉冲的能量小，高频穿孔时每次脉冲熔化的金属会较少，而低频穿孔时每次脉冲熔化的金属会较多，穿孔时低频穿孔的熔渣排出现象会比高频穿孔更加明显。也就是说低频脉冲的穿孔能力更强，更适合厚板穿孔。针对同一厚板，高频穿孔的时间比低频穿孔的时间久，输入板材内部的能量也会比低频穿孔多，所以高频穿孔不适合厚板。但是可以在厚板穿孔的第一阶段使用高频穿孔，后续几个阶段使用低频穿孔。

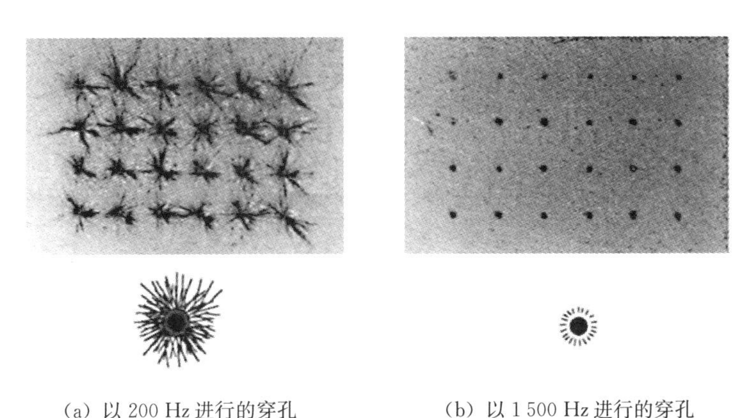

(a) 以 200 Hz 进行的穿孔　　(b) 以 1 500 Hz 进行的穿孔

图 4.8　3 mm 厚不锈钢的加工

②利用辅助气体或侧吹气体（侧吹气体是从传感器吹出来用于冷却陶瓷环和喷嘴的气体，一般是洁净的空气）吹散穿孔洞中喷出的熔融金属。图 4.9（a）（b）分别为以压力 0.05 MPa 和 0.7 MPa 的辅助气体加工 6 mm 不锈钢的效果图，可以看出，使用高压气体时，黏着在表面的熔渣量较少。

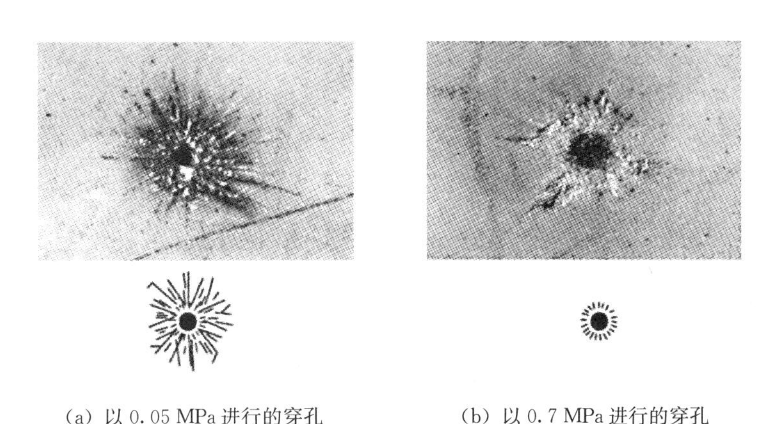

(a) 以 0.05 MPa 进行的穿孔　　(b) 以 0.7 MPa 进行的穿孔

图 4.9　6 mm 厚不锈钢的加工

2）防止黏附

在材料表面涂抹隔离膜可起到防止熔融金属黏附的作用。材料表面上涂有隔离膜时，穿孔中所产生的熔融金属将会堆积在隔离膜上，而不会直接黏着在材料表面。隔离膜可以使用熔渣防止剂或易于后序处理的界面活性剂。表 4.2 所示为不同处理方式对金属熔融物黏着的影响。

表 4.2　不同处理方式对金属熔融物黏着的影响

板厚/mm	4	6	9	12	效果
①氮气穿孔					熔融物较大，且非常顽固
②氧气穿孔	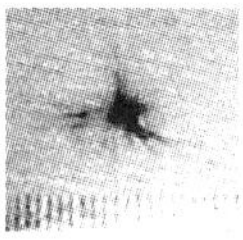	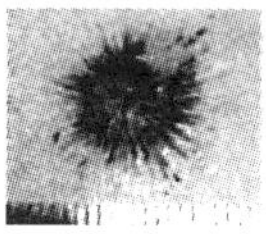		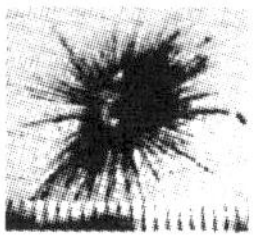	熔融物虽大，但不顽固
③涂抹界面活性剂		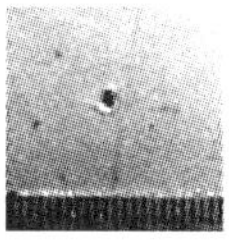	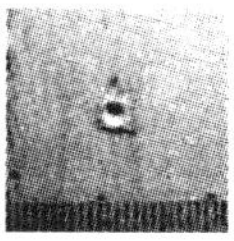		与①②相比，熔融物较小

3）去除

去除须状毛刺的方法有两种，如图 4.7（c）所示：

①使用小圆起刀。正常切割时切割头在穿孔后会直接进行引线及零件的切割，使用小圆起刀后机床会控制切割头在穿孔之后先适当抬高切割时的随动高度，避免碰撞到毛刺，围绕着已穿透的孔切割一个小圆孔，使毛刺和小圆一起被切除，之后再开始进行引线的切割。使用小圆起刀时要注意，切割的小圆的半径要小于引线的长度，避免破坏工件。

②利用大的激光光斑将孔周围的须状毛刺烧蚀吹除。在穿孔之后适当抬高切割头高度和焦点高度，由于板面到激光的焦点位置较高，激光照射在板面上的光斑会变大，此时可利用大光斑将须状毛刺熔化，同时借助辅助气体将其吹除，须状毛刺被去除后就可以开始切割了。

任务 5　解决铝合金穿孔位置产生堆积状熔渣的方案

铝合金属于高反材料，材料本身对于激光的吸收率较低，所以穿孔难度较大，有时即使孔已穿透也会在板材表面堆积起来一座冷却熔渣形成的“小火山”。如何解决铝合金穿孔的问题在实际应用中非常重要。

穿孔时熔融的铝合金会在小孔的周围呈纤维状延伸，这种纤维状铝合金熔融物可称作“小火山”，如图 4.10 所示。

图 4.10　铝板穿孔后表面堆积的“小火山”

当喷嘴碰到这些“小火山”时，如图 4.11 所示，切割头会发生碰撞报警，机床会停止工作。解决该问题的措施如图 4.12 所示。

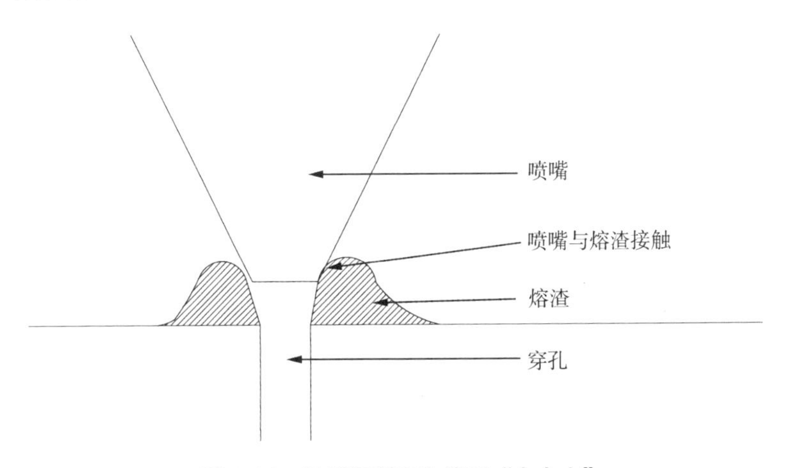

图 4.11　铝板切割切头撞到“小火山”

①“小火山”是随着激光的照射而逐渐增加的，穿孔加工时间越长，“小火山”就会越大。此时应尽量加大输出功率，缩短照射时间（穿孔时间）。需要注意的是，输出功率越大，小孔的直径也会越大，飞溅到小孔表面的熔融金属也会越多。

②“小火山”的高度通常为 1～2 mm。将从切割头穿孔位置起向后切割的一定距离（引线）的喷嘴高度设置在“小火山”高度之上，也可有效避免喷嘴与“小火山”的接触。不过，此时由于随动高度较高，引线的底部会出现挂渣。

③将穿孔后开始切割的一定范围内的静电容量传感器设为无效，也是有效的解决方法之一。穿孔后一段距离关闭随动功能（一般内置在机床数控系统中），有些需要手动单独激活，有些在选择“启动方式”后自动激活。在使用该功能前工程师需要先确认所用加工机是否具备该功能。在使用该功能时要谨慎操作，否则很容易发生喷嘴的碰撞。

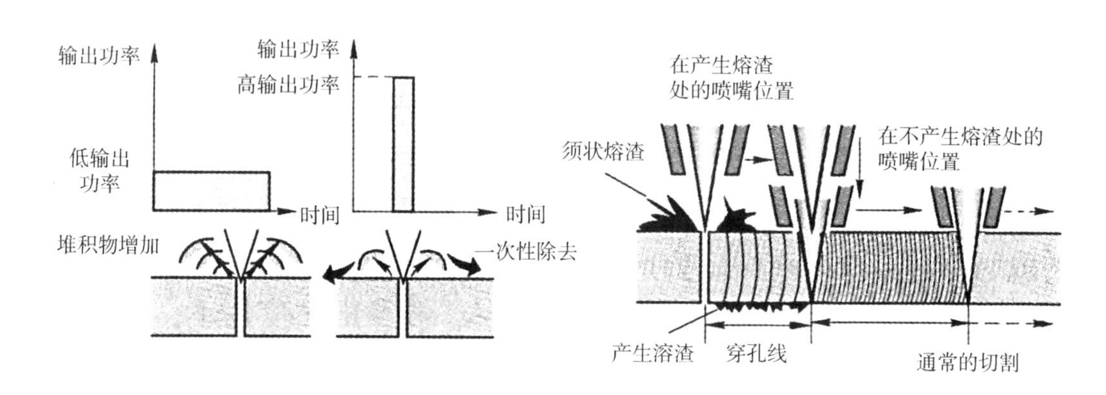

（a）短时间穿孔　　（b）穿孔线的特别条件

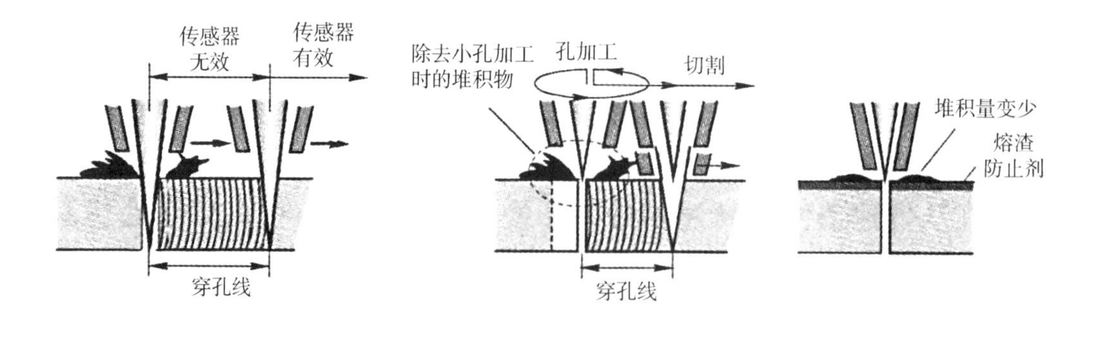

（c）静电容量检测的无效功能　　（d）穿孔洞周围的切割　　（e）涂抹熔渣防止剂

图 4.12　铝材“小火山”解决办法

④当所产生的“小火山”范围较大时，切割中也会发生喷嘴与“小火山”的接触。此时可以采取将小孔周围的“小火山”进行切除的方法来防止接触。具体做法是，在静电传感器为无效的状态下，切割出一个以穿孔洞为圆心，直径3 mm左右的圆孔，这样就可以将“小火山”也一同切掉。不过，这种方法将会耗费多余的圆孔加工时间和切割成本。圆孔的直径是根据熔融金属飞溅的范围确定的。

⑤铝板加工前在板材表面喷涂熔渣防止剂可以有效减少熔渣在板材表面的堆积量，表面熔渣少了，激光切割机在完成穿孔后即可直接开始切割。

练习题

一、单选题

1. 以下不属于光纤激光切割机的穿孔方式的是（　　）。

A. 连续式穿孔　　B. 定频穿孔

C. 变频穿孔　　D. 冲孔

2. 在进行30 mm碳钢穿孔时，为了防止爆孔并提高穿孔效率，应选择哪种穿孔方式？（　　）

A. 连续式穿孔　　B. 定频穿孔

C. 变频穿孔　　D. 冲孔

3. 以下不属于解决不锈钢穿孔产生须状毛刺影响加工的方法的是（　　）。

A. 降低穿孔频率

B. 在材料表面涂抹隔离膜

C. 将孔周围的熔渣和材料一起切除

D. 提升辅助气体压力

4. 以下不属于减少铝合金穿孔产生堆积状熔渣的加工方法的是（　　）。

A. 加大输出功率　　B. 将孔周围熔渣和材料一起切除

C. 材料表面喷涂熔渣防止剂　　D. 提高静电容量传感器灵敏度

二、判断题

1. 光纤激光切割设备穿孔类型一般分为脉冲式加工和连续式加工两种。 ( )
2. 使用脉冲条件穿孔比使用连续条件穿孔输入板材内部的热量更少。 ( )
3. 穿孔时占空比越低越好。 ( )
4. 使用连续穿孔可以缩短穿孔时间。 ( )
5. 穿孔位置表面熔渣堆积过多不会影响切割头随动。 ( )

三、简答题

1. 为什么提高穿孔频率，金属表面的熔渣堆积会减少？
2. 简述几种减少板材穿孔时熔渣堆积的方法。

项目5 碳钢的切割

项目描述

在激光应用普及之前，加工碳钢中厚板通常用火焰切割、等离子切割、高压水切割等传统工艺。传统工艺进入市场时间较长，且成本较低，因此市场份额巨大。但传统工艺分别存在一些问题，如火焰切割割缝太宽，加工速度太慢；等离子切割速度和精度虽有提升，但其热影响区依然较大，无法切割对精度要求高的小零件、小孔；高压水切割的加工范围广，切割质量好，但对水质污染大，效率也较低。

随着激光技术不断成熟、成本逐渐降低，柔性化程度高、切割速度快、加工精度高、环保的激光切割设备逐步开始赢得市场认可。最初激光切割碳钢中厚板采用的是大喷嘴氧气切割，这种工艺切割端面为磨砂面，切割速度较慢，所切工件锥度也较大。为提升加工效率，业内不断钻研，开发出亮面切割工艺。亮面切割工艺使用了更小的喷嘴，提升了切割速度，同时也提升了端面光洁度，降低了工件锥度。

随着更高功率激光设备的问世，碳钢中厚板的切割工艺也出现了新的选择（图5.1）。氮气、空气切割工艺使得碳钢切割速度大幅提升，其中空气切割大幅降低了耗气成本（只需负担空压机的电费），因此受到部分用户的欢迎。但空气切割端面较为粗糙且发黑，切割中厚板时底部会有难以去除的熔渣，还需要另外使用打磨工具，这就在一定程度上限制了空气切割碳钢的适用范围。不过对于仅需要利用激光进行粗加工的用户来说，这会极大地提高切割碳钢的效率。

图5.1 16 mm原碳钢板激光切割实例

本项目主要介绍激光加工碳钢的特点，分析使用不同气体切割碳钢的常见问题并介绍其处理方法。

任务1　碳钢切割工艺

1）碳钢氧气切割

对于使用激光加工碳钢的方法，传统思维都是考虑用氧气作为辅助气体参与切割，因为氧气具有助燃的作用（图5.2）。在以碳钢为主的钣金加工中，使用氧气切割可以不用频繁更换辅助气体，方便管理。但缺点是氧气参与切割后，断面会有一层黑色且易脱落的氧化层，不可直接用于焊接件。

图5.2　氧气切割碳钢

氧气作为激光切割的辅助气体，工作压力需要保证至少达到0.7 MPa，一般要求纯度不低于99.99%，可以使用液氧。对于任一厚度的碳钢，使用氧气切割都存在一个极限速度，达到极限速度后，即使继续提高激光器功率，切割速度也会基本保持不变。

氧气切割碳钢的特点有：

①割缝较宽。氧气切割碳钢过程中，大部分切割所需能量来自铁的氧化反应，切割过程中的氧化反应加剧了铁的燃烧；使用正焦点切割也会导致激光落在板材上的光斑较大，因此割缝相对来说会比较宽。

②断面发黑。切割过程中会产生大量的黑色氧化物附着在切割断面，由于致密性不高，断面的氧化层容易脱落。

③断面光滑。切割过程中使用的气压较低，在割缝的狭小空间内氧气对两侧的压力很小，不容易产生明显的气压痕迹。此外，氧气参与燃烧反应能使切割面比较光滑且下表面质量良好。

激光功率为3 kW的氧气切割碳钢的工艺参数设置如表5.1所示，氧气切割碳钢工艺比较复杂，是激光切割中的难点，此数据仅作为参考。

表 5.1　激光功率为 3 kW 的氧气切割碳钢参数

材料厚度 /mm	功率 /kW	速度 /（m/min）	喷嘴	切割高度 /mm	气压 /MPa
2	1.2	5.2～5.6	S1.0E	0.8	1.6
3	2.0	3.8～4.2	S1.0E	0.5	0.6
4	2.4	3.3～3.7	S1.0E	0.5	0.6
6	3.0	2.5～2.9	S1.0E	0.5	0.7
8	3.0	2.1～2.3	D1.2X	0.5	0.7
10	3.0	1.4～1.6	D1.2X	0.6	0.6

2）碳钢氮气切割

随着近年来光纤激光器的普及和高功率激光切割工艺的不断进步，氮气、空气也成了碳钢加工的有力辅助。使用氮气参与切割（图 5.3）可以提升切割速度，便于满足不同产品的后续焊接、喷涂等加工处理要求。缺点是氮气切割碳钢容易导致切割面粗糙且下表面挂渣，同样功率和厚度的前提下，氮气切割效果不如氧气。根据不同产品灵活选择辅助气体，不仅可以提高切割效率，还可以降低终端加工成本。

图 5.3　氮气切割碳钢

氮气作为激光切割的辅助气体，若想长时间稳定切割，建议把储气罐内部的压力至少稳定在 2.5～3.5 MPa，一般要求纯度不低于 99.99%，氮气储罐和机床之间需要连接汽化器，把液态的气体转化为气态的气体，保证氮气有效供应。但是对于相同功率的激光，随着碳钢厚度的增加，切割质量会急剧下降。

氮气切割碳钢的特点有：

①割缝较细。氮气切割碳钢过程中，由于氮气不参与反应，主要起到吹除熔渣的作用，激光本身光斑也很小，所以割缝较细。若碳钢厚度增加，为了便于排出熔化的熔渣，割缝也会相应变宽，但不会宽于同等厚度氧气切割碳钢的宽度。

②断面泛白。切割过程中氮气作为保护气体，会在割缝两侧形成一层气体保护膜，阻止氧化反应，形成无氧化切割。断面普遍泛白，呈现出铁的本色。

③断面粗糙。氮气切割碳钢时，主要依靠激光能量作用于材料，使碳钢熔化，再辅以高压氮气吹渣。因为氮气压力较高，吹气时对割缝两侧的压力大，切割断面一般较粗糙。

激光功率为 3 kW 的氮气切割碳钢的工艺参数设置可参考表 5.2。

表 5.2　激光功率为 3 kW 的氮气切割碳钢参数

材料厚度/mm	功率/kW	速度/（m/min）	喷嘴	切割高度/mm	气压/bar*
1	3	24～28	D3.0C	1	8
2	3	18～23	D3.0C	0.5	10

注：* 1 bar＝100 kPa。

3）碳钢空气切割

想要在保证切割速度的前提下尽量节省成本，可以考虑使用空气切割碳钢，使用空压机制造高压高纯的空气仅产生电费成本。使用空气切割（图 5.4）可以提升切割速度，但是由于空气中含有氧气，切割断面会发黑，不可直接用于焊接件。

图 5.4　空气切割碳钢

要使用空气作为激光切割的辅助气体，要求空压机的输出气压不能低于 1.6 MPa，空压机（图 5.5）需要配套冷干机和过滤器确保输出气体的油水含量不会超出所要求的范围。由于空气中的油水混合物和灰尘较多，为了保证高压管道清洁，冷干机必须保证正常工作。相比氧气和氮气切割，使用空气切割的成本低，但是，相同输出功率的条件下，随着碳钢厚度的增加，切割质量会急剧下降。

空气切割碳钢的特点有：

①断面发黑。空气中含有氧气，切割过程中氧气会和材料反应产生氧化物，同时其他气体也会形成一层保护膜影响氧化反应，最终会导致断面颜色发黑。但是，由于氧化物生成量不多，发黑程度低于氧气切割。

②断面粗糙。空气切割碳钢时，主要依靠激光能量作用于材料，使碳钢熔化，再辅以高压空气吹渣。因为空气压力较高，吹气时对割缝两侧的压力大，切割断面一般

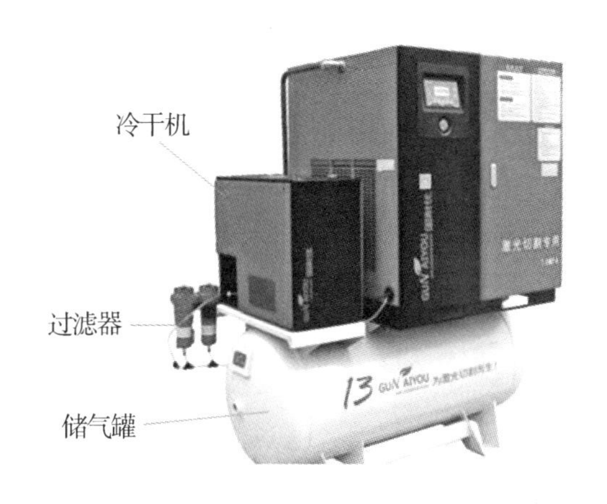

图 5.5　激光切割专用空压机示意图

较粗糙。

③切割成本较低。使用空压机制造高纯高压空气的成本相对较低（相比氧气和高纯氮气），主要成本是空压机电费及冷干机、过滤器滤芯耗材等。

激光功率为 3 kW 的空气切割碳钢的工艺参数设置可参考表 5.3。

表 5.3　激光功率为 3 kW 的空气切割碳钢参数

材料厚度/mm	功率/kW	速度/（m/min）	喷嘴	切割高度/mm	气压/bar
1	3	23～28	D3.0C	0.7	8
2	3	18～23	D3.0C	0.5	8

4）高功率激光切割

为了提升生产效率，优化切割效果，提高切割厚度，在必要时也可采用更高功率激光参与切割。一般将功率超过 10 kW 的光纤激光切割机称为高功率激光切割机。在碳钢的高功率切割过程中，会因为使用不同的辅助气体选择不同的切割工艺。如何选择合适的辅助气体是在高功率激光切割碳钢的过程中必须要重点考虑的，高功率激光切割气体的选择可参考表 5.4。

表 5.4　高功率激光切割气体选择建议表

材料	气体
碳钢	空气
	氮气
	氧气
不锈钢	空气
	氮气

用高功率激光切割碳钢材料时选用不同气体的原因有：

①任一厚度碳钢，使用氧气切割都存在一个极限速度，达到极限速度后即使继续提高激光器功率，切割速度仍保持不变。

②对于高功率激光器，若使用氧气切割中薄板碳钢，为了防止功率过高造成切割过烧，必须降低切割功率，导致性能浪费。

③对于高功率激光器，使用氧气切割中薄板碳钢时没有明显的速度优势，反而会增加加工成本。

④在不考虑断面切割效果的前提下，使用空气切割中薄板可以最大程度地降低成本。

15 kW 激光使用不同气体切割碳钢速度如图 5.6 所示，可以看出，在 8～16 mm 厚的碳钢切割中，空气和氮气的切割速度要优于氧气。表 5.5 所示为使用不同气体切割

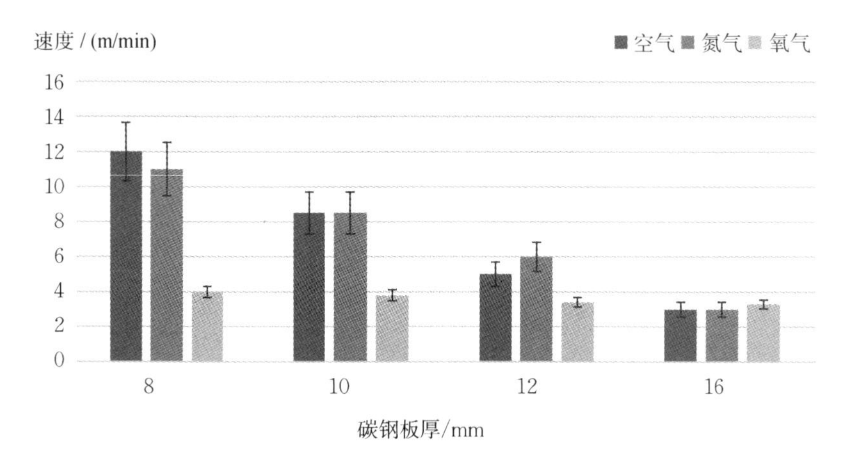

图 5.6　不同气体切割碳钢速度（切割功率 15 kW）

不同厚度碳钢效果汇总表。15 kW 光纤激光器使用空气和氮气切割的极限厚度是 16 mm，但是此时工件下表面挂渣比较严重；使用氧气批量生产的极限厚度可以达到 40 mm，但是此时切割速度很慢。

表 5.5　使用不同气体切割不同厚度碳钢效果汇总表

厚度/mm	辅助气体	切割效果	
		断面颜色	挂渣情况
1～10	氧气	黑色亮面	无挂渣
	空气	黑色砂面	无挂渣
	氮气	白色砂面	无挂渣
10～12	氧气	黑色亮面	无挂渣
	空气	黑色砂面	轻微挂渣
	氮气	白色砂面	轻微挂渣
12～16	氧气	黑色亮面	无挂渣
	空气	黑色砂面	挂渣严重
	氮气	白色砂面	挂渣严重

任务 2　改善碳钢氧气切割断面粗糙度的方案

使用氧气切割碳钢的喷嘴较小，且气压较低，若工艺参数不合适极易损坏保护镜。所以要想修改氧气切割碳钢的相关参数，必须先了解改善碳钢氧气切割断面粗糙度的方案。

1）现象

对于碳钢板材在同等功率的激光切割中，相较于空气和氮气，氧气切割断面的质量是最好的。对于同一组工艺参数，碳钢板材的含碳量不同可能会导致切割效果的不同，含碳量更高的板材切割效果会更好（图 5.7）。正常情况下，看起来越黑的板材含碳量越高。为了让氧气切割碳钢达到更优的切割效果，需要改善切割面的粗糙度。

(a) 低含碳量板材

(b) 高含碳量板材

图 5.7　不同含碳量的碳钢对比

2）原因及解决方法

碳钢的含碳量直接影响切割时的燃烧效率，燃烧反应越充分，可以切割的板材越厚，断面越光滑。不只是材料会对切割质量产生较大影响，工艺参数本身也会极大程度地影响切割效果，有时需要根据具体切割效果改善工艺参数（图 5.8、图 5.9）。

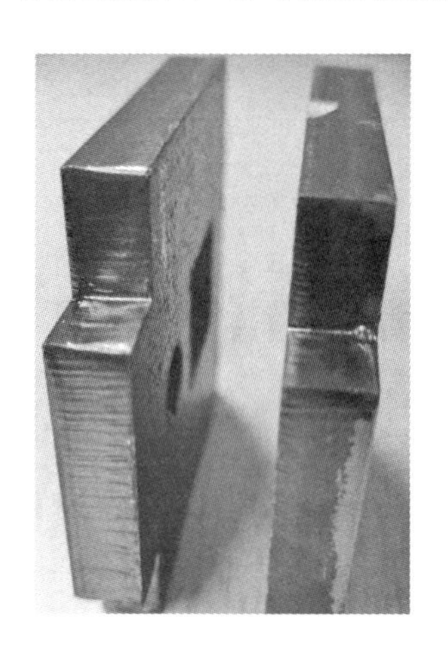

图 5.8　6 kW 激光切割 8 mm 厚碳钢（亮面）

图 5.9　15 kW 激光切割 40 mm 厚碳钢

（1）底部牵引线有很大偏移，底部切口更宽（图 5.10）

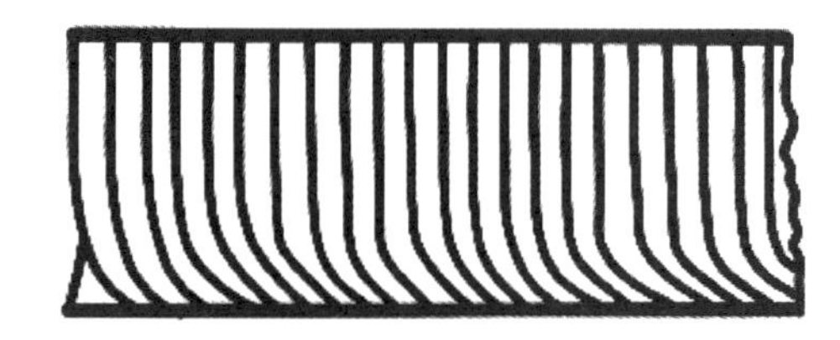

图 5.10　切口示意图（一）

可能的原因如下：

①速度太快。切割过程中底部的燃烧反应还未充分进行，激光束就到达前端，导致燃烧速度滞后于切割速度，底部牵引线产生偏移。

②激光功率太低。激光功率不足使得底部不能进行充分燃烧，导致燃烧速度滞后于切割速度，底部牵引线产生偏移。

③气压太低。气压太低使得割缝中的熔融金属向下排出的速度减慢，造成牵引线拖曳和底部割缝变宽。

④焦点太高。高焦点可以产生更宽的割缝，利于熔融金属排出，但同时又会导致激光热量不够集中，割缝底部变宽的同时降低了燃烧效率，使得牵引线过度偏移。

解决措施如下：

①降低速度。如果燃烧反应还未充分进行就已经加工到前端，则可以降低切割速度，以平衡二者。但降低速度会导致加工效率降低，为了保证生产，一般会先尝试采用其他方式解决。

②增大激光功率。增大激光功率可以直接全方位增强激光热效应和燃烧反应，加快底部的燃烧速度。需要注意激光功率并不是越大越好，过大的功率反而会因为反应太快使得切割断面更加粗糙。

③加大气压。加大气压有利于底部熔融金属加速排出。为了防止过大的气压挤压割缝两端导致切割面粗糙，增加气压时一般会以 0.1 Bar 等差递增。

④降低焦点。降低焦点意味着把激光热量最集中的点靠近板材，加剧热量堆积，同时也能缩小割缝宽度。在保证生产效率的前提下，一般会先尝试改变焦点位置。

（2）无毛刺但牵引线倾斜，切口在底部变得更狭窄（图 5.11）

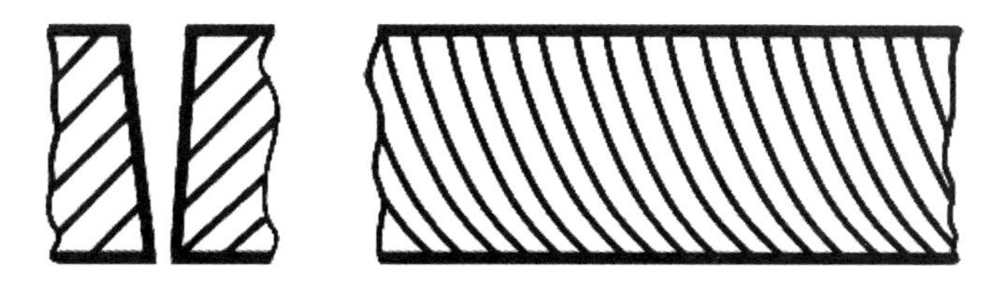

图 5.11 切口示意图（二）

可能的原因如下：

速度太快。底部牵引线有很大的倾斜，明显就是速度太快导致的，如果不降低速度，可能会有切不透的风险。

解决措施如下：

降低速度。略微降低速度，让反应更充分。

（3）底部毛刺类似熔渣，成点滴状并容易除去（图 5.12）

图 5.12　切口示意图（三）

可能的原因如下：

①速度太快。切割纹路的牵引线并没有太大偏移，主要是加工速度太快导致熔渣没有及时排出。

②气压太低。气压过低会导致熔渣排出的速度太慢，加工区域已经向前移动而剩余熔渣还未排出导致黏着在底部。

③焦点太高。焦点太高导致割缝宽大，辅助气体在吹除熔融物时因割缝宽大而压力变得相对较低，导致不能完全去除熔融物。

解决措施如下：

①降低速度。略微降低加工速度可以让熔渣有充分时间排出。

②加大气压。加大气压可以促进熔渣排出。

③降低焦点。焦点降低可以缩小割缝，气体在更小的割缝中向下排出熔渣的速度更快。

（4）底部金属毛刺难以去除（图 5.13）

图 5.13　切口示意图（四）

可能的原因如下：

①速度太快。切割速度过快会导致割缝中的熔融金属不能及时排出，待冷却后就会黏附在工件底部形成难以去除的毛刺，特别是使用空气或者氮气切割时最易发生这种现象。

②气压太低。气压过低会导致熔渣黏附在工件底部始终难以去除。

③焦点太高。焦点太高在导致割缝宽大的同时还会使热量最集中处距离板材底部太远，导致切割时底部热量不足，金属很难以熔融状态排出。

④气体不纯。不纯的氧气气源会直接影响切割时的燃烧反应，底部未进行正常的燃烧就被气体吹出，会导致下端存在金属毛刺。

解决措施如下：

①降低速度。略微降低加工速度可以让熔渣有充分时间排出。

②加大气压。加大气压可以促进熔渣排出。

③降低焦点。降低焦点可以使热量最集中的区域距离板材底部更近，便于底部金属熔化。

④使用更纯的气体。氧气气源纯度越高，燃烧反应越剧烈，切割的断面质量越好。

（5）对侧面的切割效果不一致（图 5.14）

图 5.14 切口示意图（五）

可能的原因如下：

①同轴不正。喷嘴与激光束不同轴，辅助气体吹出时的出气量不均匀，就会导致出气量小的一面有毛刺。

②喷嘴口有缺陷。喷嘴口粘有熔渣或者喷嘴已损坏，会导致出气量不稳，严重时会造成切割头撞板的现象。

解决措施如下：

①调整同轴。调整同轴度使激光光束与喷嘴孔径同轴，可以有效保证切割面的切

割效果一致。

②更换喷嘴。优质的喷嘴可以保证气体出气均匀。

（6）切割断面坑坑洼洼（图 5.15）

图 5.15　切口示意图（六）

可能的原因如下：

①气压太高。过大的气压挤压割缝两端导致切割面粗糙。

②切割速度太慢。切割速度太慢会导致局部过度加热，从而造成切割效果变差。

③焦点太低。过低的焦点容易导致割缝细窄，切割过程中产生的熔融金属不易排出。

④板材表面有锈。板材表面生锈的区域会影响热量传导，当锈迹过多时甚至会造成板材无法切割。

⑤加工的工件局部过热。加工工件局部过热会导致工件出现过烧现象。

⑥材料不纯。材料本身材质不纯会影响热量传导，热量分布不均会严重影响断面效果。

⑦气体不纯/不稳。氧气中存在过量其他气体，在切割时其他气体在割缝中就相当于一层汽化保护膜从而影响断面效果。

解决措施如下：

①降低气压。降低气压的主要目的是防止氧气在割缝中向两边挤压导致过度反应。

②加快速度。加快切割速度可以防止局部过热产生过烧。

③提高焦点。把焦点提高可以让割缝变大，便于排出熔渣，但是由于喷嘴口径问题，不可过分拉高焦点，否则容易出现烧喷嘴现象（喷嘴因过热而产生形变）。

④使用质量更好的板材。去除板材表面的锈迹，可在保证热量正常传导的同时不影响切割头的随动功能。

⑤切割前先放气。切割前先放气是为了保证切割时的氧气浓度，若是气源浓度不

足，为了保护切割头内部的光学器件，有时需要更换氧气气源。

（7）切割表面不够精密（图 5.16）

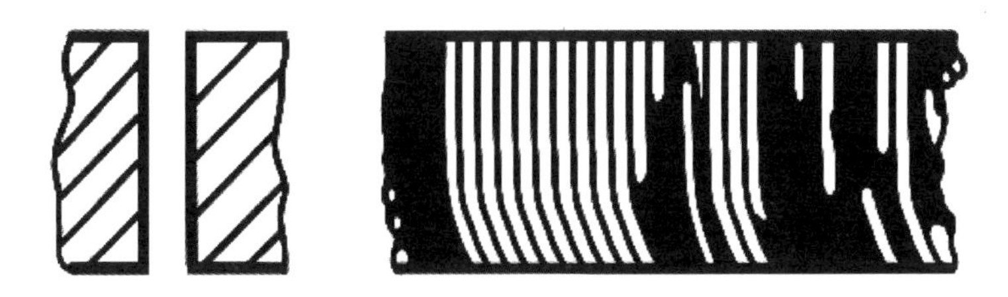

图 5.16　切口示意图（七）

可能的原因如下：

①气压太高。气压过高会影响切割面的光滑度。

②喷嘴已损坏。已损坏的喷嘴不仅容易造成切割头撞板，还会因出气不均匀导致切割效果变差。

③喷嘴孔径太大。喷嘴直径太大导致气体不能集中向下吹出。

④材料不佳。材料表面不够平滑或者材料的含碳量太低都会导致切割面不够精密。

解决措施如下：

①减小气压。适当减小气压会在保护切割面的同时把熔渣向下吹出。

②更换喷嘴。更换良好的喷嘴是最直接的办法。

③安装合适的喷嘴。孔径更小的喷嘴能更大程度展现切割效果。

④使用表面平滑均匀的材料。表面平滑的材料能保证气流正常向下吹出且不使切割头抖动，含碳量更高的板材能达到更优的切割质量。

3）喷嘴的选择

喷嘴直径的大小影响切割时气体流量的大小，板材越厚选用的喷嘴直径越大。当喷嘴直径小、气体流量小但比较集中时，能产生更细的切割断面，选用喷嘴直径的大小可参考表 5.6。若想达到更加细腻的切割效果，可尝试使用直径更小的喷嘴。

表 5.6　3 kW 激光氧气切割碳钢的喷嘴直径推荐

材料厚度/mm	喷嘴直径/mm
1～6	1.2
6～10	2.0

续表

材料厚度/mm	喷嘴直径/mm
10～16	3.0
16～18	4.0
20	5.0

注意：若在生产过程中出现切不透的现象应立即按暂停按钮，以防止熔渣飞溅到聚焦镜上。

任务3　解决碳钢氧气切割起刀过烧的方案

1）现象

在碳钢的厚板切割中，有时会在穿孔过后开始切割引线时就产生过烧。引线过烧会直接影响切割面的质量，而且板材越厚，穿孔越容易堆渣，导致过烧的概率也就越高，此时需要单独设定切割引线的工艺。

2）原因

①穿孔过程中所排出的熔融金属会堆积在孔的周围（图5.17），当激光经过金属堆积部位时，就会发生激光的反射以及辅助气流的紊乱，从而造成过烧。

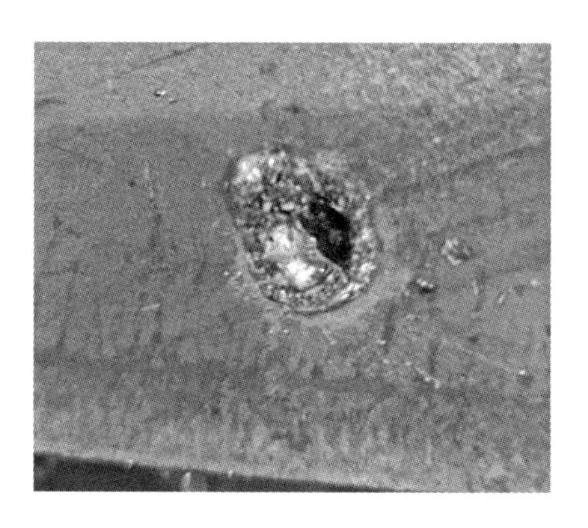

图5.17　穿孔堆渣

②在穿孔过程中，因为板材的内壁也在吸收激光产生的热量，板材的温度会不断升高，容易导致过烧。若在穿孔完成后继续使用穿孔工艺（穿孔时间过长），则板材局部就会被过度加热，导致温度升高并造成起刀过烧。

③穿孔时的孔径太小或者切割引线的割缝太窄，都会导致切割时产生的大量熔融金属不能及时从下方排出，甚至有可能从板材上方排出，形成逆喷现象而造成过烧（图5.17）。

3）解决方法

①解决穿孔处堆积物的有效方法。一阶段穿孔时可采用适当的脉冲条件，如低频率、高峰值的脉冲条件，这样可以减少因突然对板材施加能量而造成的板材上方局部

金属飞溅（图 5.18、图 5.19）。若堆积物确实较多，可以在切割引线时设置使用脉冲条件，虽然会导致速度变慢，但能够使熔融和冷却交替进行，可以有效降低过烧概率。

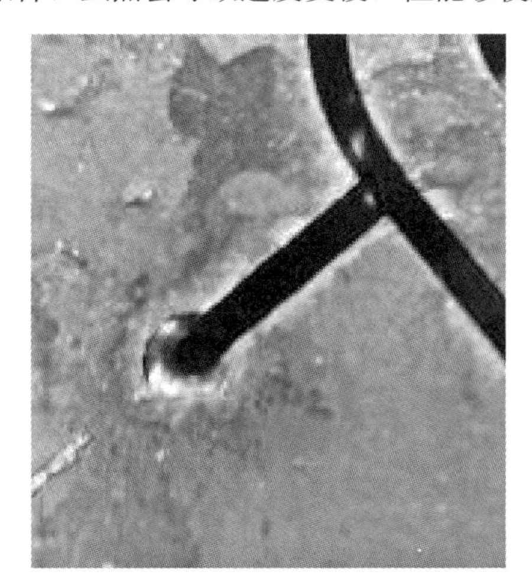

图 5.18 一阶段脉冲穿孔后切割

图 5.19 一阶段满频率穿孔后切割

②针对孔壁过度吸收热量的对策。要避免激光在穿孔过程中产生过多热量，可以缩短穿孔时间，或者在穿孔的二阶段使用更小的频率和占空比。用更小的频率和占空比就相当于用更少的能量穿透板材，可以达到降低孔内热量堆积的目的，用脉冲穿孔之后再切割的效果如图 5.20 所示。

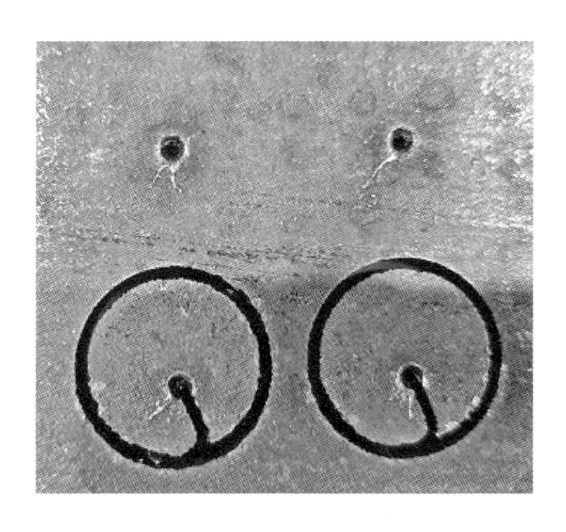

图 5.20 脉冲穿孔再切割

③针对逆喷现象的对策。将切割引线的条件设置为脉冲条件或者低速条件可以有效减少逆喷；或者在穿孔工艺处选择设置小圆起刀，在切割前形成一个较大的孔径，这样可以有效排出熔融金属。若正常穿孔后直接开始切割引线，穿孔孔径一般较小，

熔渣也不易排出。16 mm 厚的碳钢板材正常起刀的穿孔孔径如图 5.21 所示，小圆起刀穿孔孔径如图 5.22 所示。通过对比容易发现，小圆起刀状态下孔径更大，也就更容易将熔渣排出。

图 5.21　16 mm 厚碳钢板材正常起刀孔径

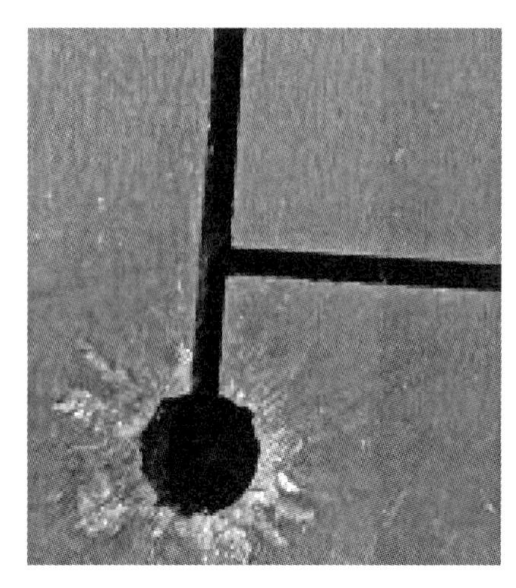

图 5.22　16 mm 碳钢板材小圆起刀孔径

任务 4　解决碳钢氧气切割拐角过烧的方案

一般情况下，只要一定厚度的碳钢可以被切割，相对应的拐角过烧现象就可以使用一种或者几种方法解决。

1）现象

使用氧气作为辅助气体切割碳钢材料时，在碳钢材料良好的前提下，如果加工形状中存在尖角，就很容易发生尖角部位熔损或者过烧现象。熔损指加工过程中由于局部堆积热量过多导致工件部分材料缺失，如图 5.23（a）所示。过烧指加工过程中由于增速或者降速导致工件切割断面颜色发生变化或呈现轻微熔融状态，如图 5.23（b）所示。熔损与过烧是同因素造成的不同结果，可以通过相同的改善方案进行解决。良好的切割效果如图 5.23 中标注“正常切割”处所示，加工完成后尖角未损伤并且切割断面良好。为了保证工件的完整性和加工的可实施性，需要对拐角过烧现象提出改进方法。

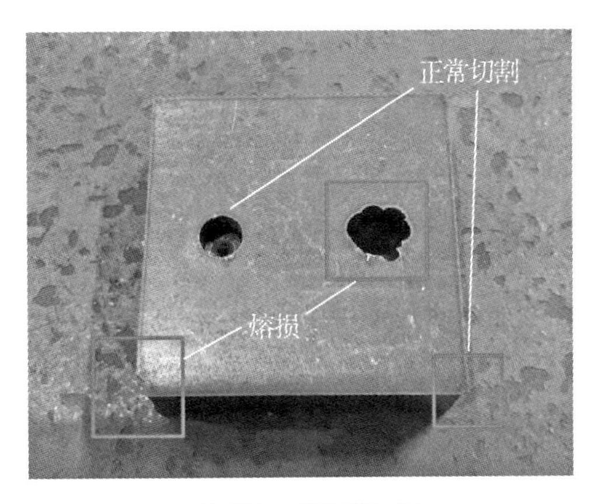

(a)熔损与正常切割对比

(b)过烧与正常切割对比

图 5.23　熔损、过烧与正常切割的对比

2）原因

切割速度会随着加工板厚的增加而下降，且切割中产生的热量会不断在材料内积聚，导致温度升高，所以随着板材厚度的增加，尖角熔损或过烧现象更容易发生。

3）解决方法

①在进行零件内部小尺寸轮廓加工时，由于只在很小的范围内加工，热量被源源不断输送到板材上而无法及时散热，加工轮廓后端或者相邻轮廓时容易发生过烧。解决方法如下：

(a) 修改内部轮廓切割顺序。如图 5.24 所示，将工件内部的切割顺序手动修改为 1 六边形、2 三角形、3 圆形、4 矩形，将容易集中热量的轮廓分散切割，防止热量堆积。手动修改切割顺序要保证先切割内部轮廓，再切割外轮廓，防止因错位而造成切割不良。

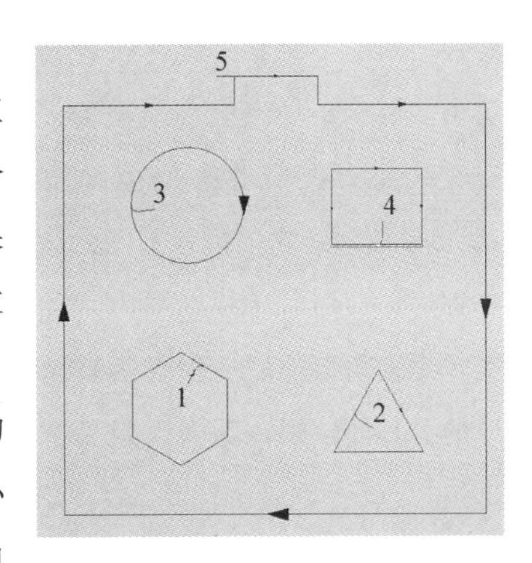

图 5.24　修改工件的切割顺序

(b) 预穿孔。先将整个加工零件需要穿孔的位置进行穿孔，穿完孔后再正常切割，避免在小范围内持续加热，从而使热量得到有效扩散。由于预穿孔会降低加工效率（机器多走了一遍空程位置），预穿孔的穿孔数量多少可以根据实际加工需要做出修改。

②在进行多个小尺寸零件的加工时，热量会随着加工进程不断积累，加工到后半

部分时很容易发生过烧。解决方法如图 5.25 所示，采用 Y 单向切割顺序，切割顺序从 1 到 9，尽量让加工路线分散开来，避免在同一方向上持续加热，从而使热量得到有效的扩散。加工路线可以根据实际加工需要做出改变。

图 5.25　Y 单向切割顺序

注意：切割工件的过程中，某些已经被切割的小轮廓的倾斜或者翘起可能会碰撞切割头导致报警或机器损坏，所以在必要时需要考虑是否添加微连接（具体设置参考本项目任务 5 的微连接解决方法）。

③尖角部位之所以会随着加工中温度的上升而熔损，是因为激光通过加工部位时已处于高温（图 5.26），如果激光的前进速度大于热传导速度，切割就可以在材料未被加热时完成，这样就可有效防止熔损的发生。一般情况下，熔损发生时的热传导速度约为 2 m/min，若加工条件中的加工速度大于此数值，则基本不会发生熔损。这也是切割薄板或者高功率切割厚

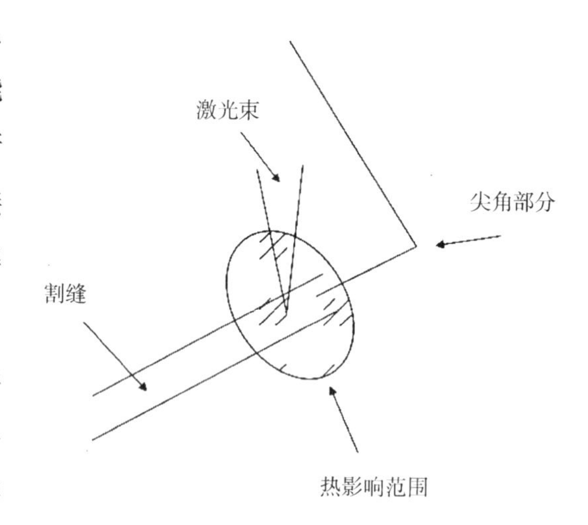

图 5.26　影响范围实例

板时熔损现象发生较少的原因。

④若过烧现象集中发生在尖角部位，如图 5.27（a）所示，则可以通过把加工形状中的尖角改成小圆角（半径为 r）来有效防止热能堆积，如图 5.27（b）所示。r 的数值越大，预防作用越有效，加工板厚增加，r 值也需要相应加大，可参考表 5.7 推荐的数值。此方法适用于对零件尖角部位要求不高的加工，实际可行性需要根据加工需要决定。

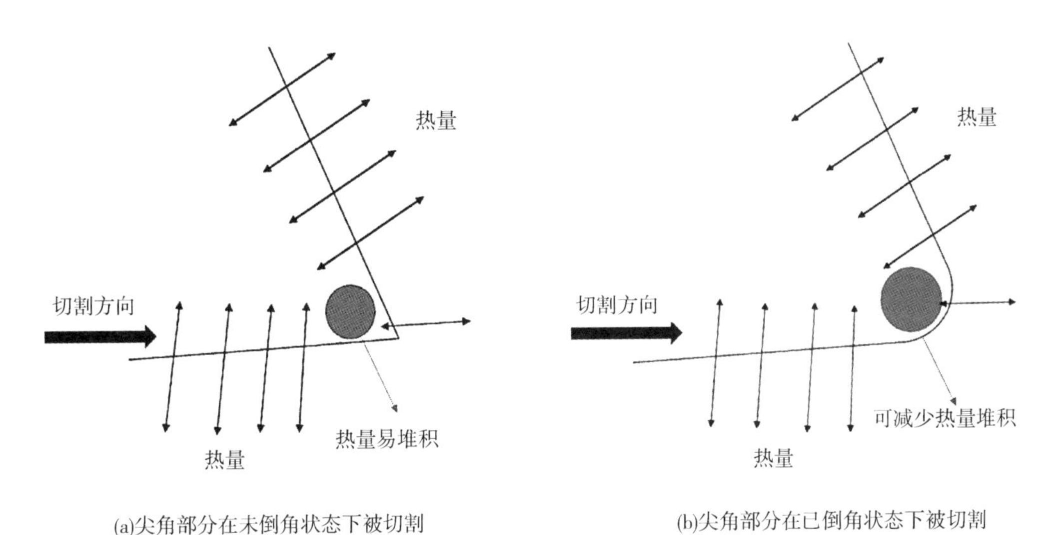

图 5.27　尖角切割对比图

表 5.7　倒角半径推荐表

材料厚度/mm	倒角半径/mm	
	MS 碳钢（氧气切割）	MS 碳钢（空气或氮气切割）
0.8～2	0.1	0.1
2～6	0.25	0.2
6～10	0.5	0.3
10～16	0.8	0.5
16～25	1.2	1.0
＞30	1.5	

⑤切割厚碳钢板时尖角部位热量堆积容易过烧，要满足加工工件的角度要求，又不能换为高功率的激光器，此时可以使用角处理功能。在尖角处使用角冷却功能（图 5.28），即切割尖角部位时暂时关光吹气，待热量稍微散去之后再切割。这样可以很好地处理尖角过烧问题，具体关光时间需要在机床的“全局”功能处设置（图 5.29）。也可以使用角环绕功能（图 5.30），切割尖角时先过切一部分，再围着过切部位环绕回来切割，此时热量主要堆积在工件外部，过烧就不会发生在工件上。

图 5.28　角冷却

切割　标刻　穿孔　引线　全局

全局 参数名		全局
起刀速度比 (5-99%)	*	5
起刀长度 (0-50mm)	*	10
起刀偏置高度 (0.5-8mm)	*	0.5
新起刀焦点 (-10-10mm)		0
新起刀气体类型		低压气
新起刀气体压力 (0.5-25Bar)	*	0.5
转角暂停时间 (ms)		0
转角关光时间 (ms)	*	5000

图 5.29　转角关光设置

⑥拐角转脉冲。若以上方法均不能有效解决拐角熔损的问题，可尝试单独对拐角进行控制。编辑程序时将拐角分层处理，其他区域正常设置（图 5.31）。具体设置参考本项目任务 6 的拐角转脉冲解决方法。

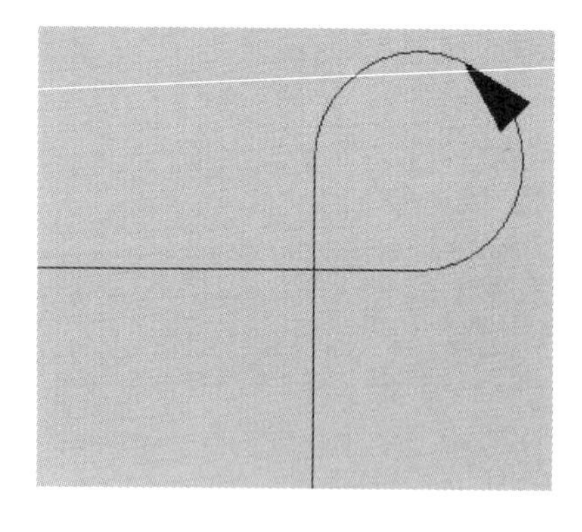

图 5.30　角环绕

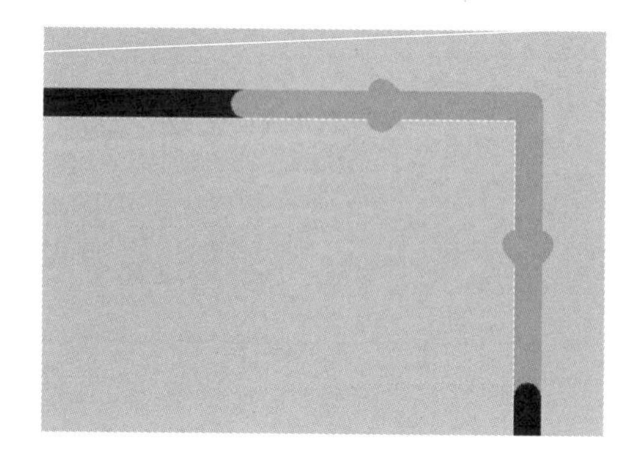

图 5.31　拐角转脉冲

任务5　解决碳钢氧气切割收刀口熔损的方案

掌握解决碳钢氧气切割收刀口熔损的方案可有效减少切厚板圆孔不圆、收刀不平整的现象。

1）现象

在碳钢的厚板切割中，很容易在切割末端部位出现熔损现象（图 5.32）。在攻螺纹、放定位销等打孔加工环节中，根据质量要求，有时需要对熔损部位进行修补。对于板材厚、孔径小的碳钢加工，熔损现象尤为突出。

2）原因

图 5.33（a）所示为工件在加工过程中的末端收尾位置，图 5.33（b）为末端区域放大图。当热传导速度快于切割速度时，收刀口局部会发生热量堆积，此时热能会作用在激光之前。此时如果再提供氧气，就会引起过烧，造成熔损。

图 5.32　收刀末端熔损

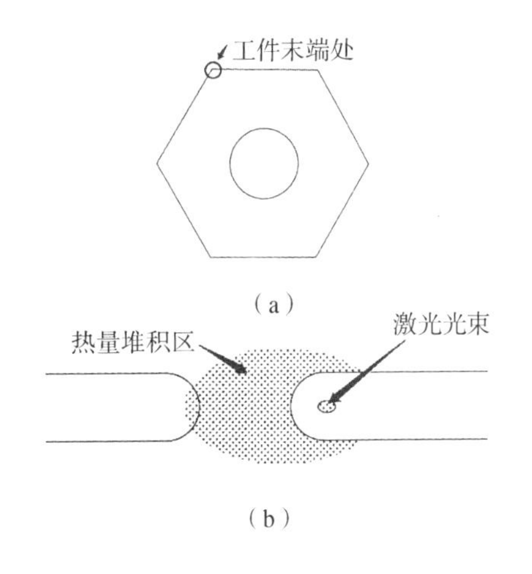

图 5.33　收刀口局部热量堆积图

3）解决方法

①微连接。添加微连接，意味着在产生熔损前停止加工。在即将加工完毕时停止切割，留下少许切割剩余（微连接）。微连接的量需要根据加工材料的板厚、加工形状、材质、割缝宽度（焦点位置）等要素来确定，微连接过小不能有效解决问题，过大会导致工件不能从板材上取出。图 5.34 中左边程序路径未添加微连接，右边程序路

径已添加微连接。

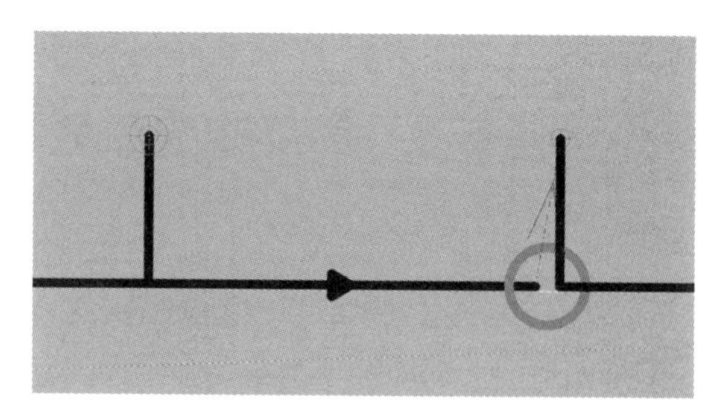

图 5.34　微连接示意图

②完美收刀。完美收刀的含义是将发生熔损部位的切割条件切换为热量较少的脉冲条件（图 5.35），此脉冲仅在收刀的最后几毫米出现，机床将以慢速同时加大切割气压的切割动作收刀，不会影响切割过程。脉冲条件的低频率、低占空比、低速度等能有效抑制热量输入。

③关光吹气。关光吹气是指在切割完成后，切割头暂时不离开，而是关闭激光输出后对着加工末端吹气（图 5.36），尽量使热量散出。此方法虽然会出现挂渣缺陷且会影响收刀口光滑度，但可有效抑制热量过度堆积导致的熔损现象。

图 5.35　完美收刀脉冲切割

图 5.36　内轮廓使用关光吹气

④修改引线。在程序中要用圆弧引入的方法修改引线（图 5.37）。相对直线引入来说，圆弧引入的方式在开始切割时不会因出现直角转角而导致降速，且引线到工件开始处有一段弧形，这段凸起的弧形部分可以给收刀口一块可供熔损的区域，正好可以达到改善收刀的目的。

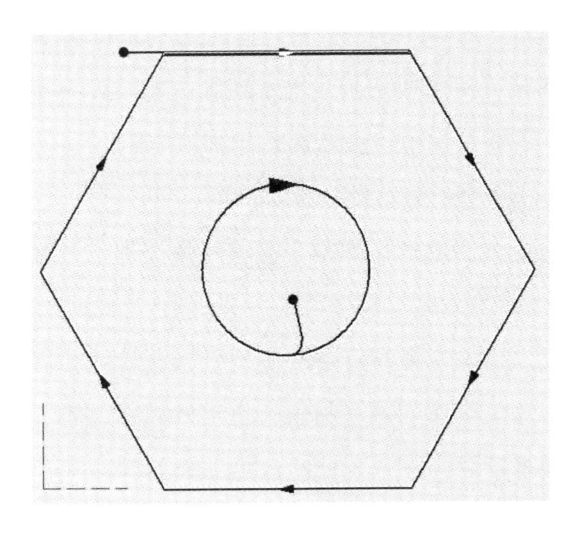

图 5.37　圆弧引入

任务6　解决碳钢空气切割拐角挂渣的方案

掌握解决碳钢空气切割拐角挂渣的方案可有效降低保护镜的损耗程度，降低切割完成后二次加工带来的其他成本。

1）现象

在使用空气作为辅助气体切割碳钢的过程中，在大轮廓处可以实现无渣切割，而在拐角处可能存在挂渣过多的现象（图 5.38）。对于加工要求比较高的零件而言，就必须采用后期打磨除渣的方法，这将导致生产周期延长，无法有效节约生产成本。为减少激光加工的二次处理，需要对此问题进行优化。

图 5.38　拐角挂渣

2）原因

切割头增速或者降速都需要一定的时间和距离，加工大轮廓时，通常在引线处就可以把切割速度提升至预设速度。加工至拐角处需要三轴（X 轴、Y 轴、Z 轴）联动加减，此时切割速度会发生变化，而其他参数不会随之改变，因此将导致拐角处切割效果不理想，直接影响拐角的切割质量。为了优化拐角的切割效果，需要对拐角挂渣现象提出解决方案。

3）解决方法

①拐角转脉冲。编程时使用全局切割工艺进行角处理，设置完处理角度后，再勾选“慢速”，设置“角之前的距离”和“角之后的距离”，此时所有符合角度的拐角将会调用切割三层的速度，且这段距离将自动使用机床自带的脉冲切割。在大轮廓处使用高频率、高占空比的方法全速切割，拐角处使用低频率、低占空比的脉冲方式低速切割。切割头在加工到拐角处会降速，此时改为低速的脉冲配合，可极大程度改善拐角挂渣问题。设置完“慢速”功能后，拐角处切割路径将会变成橙色（图 5.39）。此功能对应的 NC 程序代码是 Q990083（拐角前段距离）和 Q990089（拐角后段距离）。

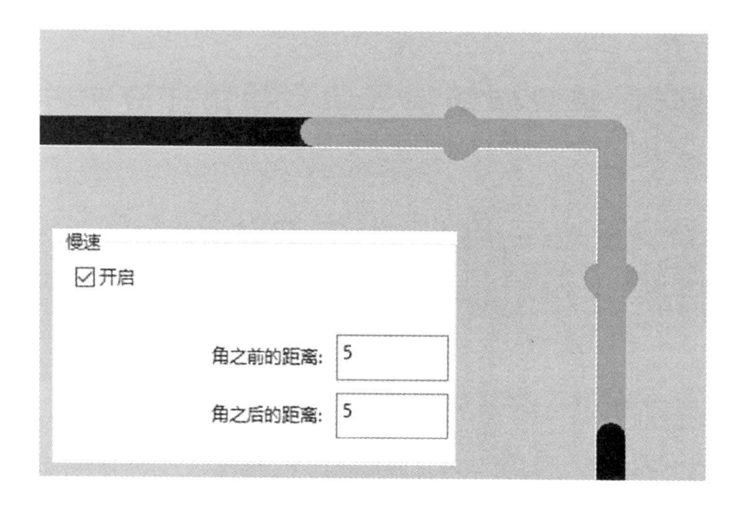

图 5.39　拐角分层示意

②调节功率曲线。通常将工艺参数中设置的切割速度称为预设速度，工艺参数中设置的激光功率称为预设功率。在机床界面的工艺界面中调节切割功率曲线，主要目的是保证切割头在低速（比预设速度低）状态下激光器会输出低功率激光配合切割，正常速度状态下以预设功率配合切割。除此之外，还能保证在加工大轮廓时使用满功率切割，在速度降低后保证切割效果。需注意的是，功率曲线只能通过速度来控制激光输出功率。图 5.40 所示为功率曲线图，速度在 0.1 m/min、0.4 m/min、0.7 m/min 时，激光器的输出功率约为 2 500 W。

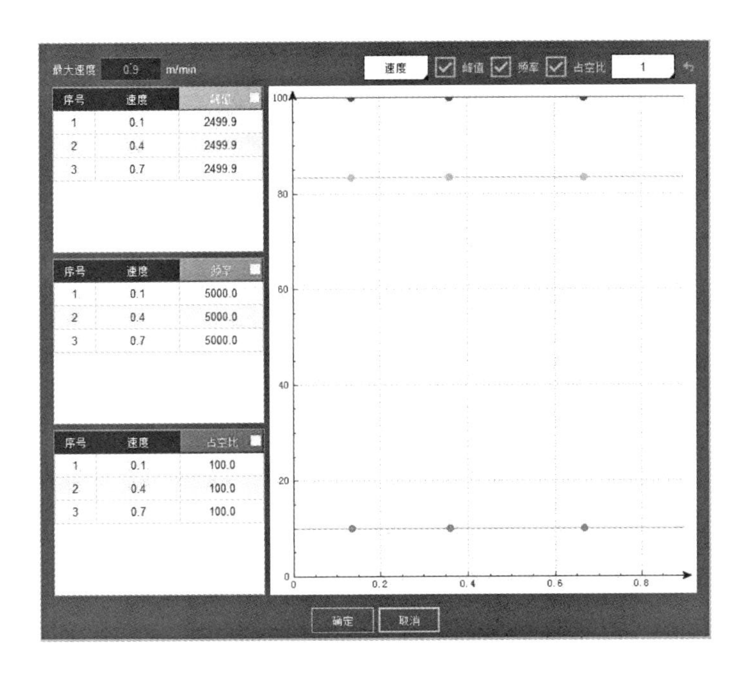

图 5.40　功率曲线图

任务 7　解决花纹金属板切割过烧的方案

1）现象

花纹金属板一般包括碳钢、不锈钢或铝合金等。如果把花纹金属板的凸起部分向上放置进行切割，由于碳钢材料中含碳量更高，更易发生过烧现象。图 5.41 显示了激光前进方向与过烧的关系。切割方向上凸起部位的后半部分更容易发生过烧。另外还需考虑加工工件是否需要顺着花纹方向切割，此影响因素需要在编程和放置加工板材时充分考虑，以达到工件加工要求。

2）原因

当热传导速度快于切割速度时，热量将集中聚集在凸起部位的拐角处，且当喷嘴移动到凸起部位的后半部分时，辅助气体压力和气流方向会偏离正常值。此外，由于凸起部位的厚度与平面部位的厚度不一致，切割时为了保证整体的切割效果，需要按照最大板厚的切割条件进行，如果切割速度低于 2 m/min，可能会使平面部位产生过烧现象。

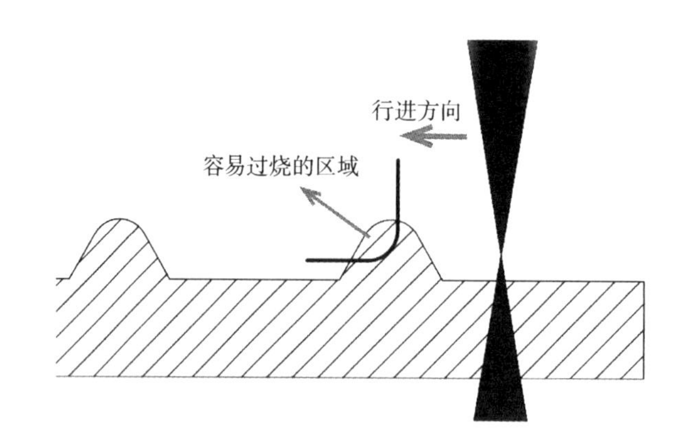

图 5.41　花纹金属板示意图

3）解决方法

①放置板材时，把凸起面作为加工背面（底面）（图 5.42），没有凹凸的面作为加工正面放置，这样就可以减小因辅助气体气压和气流变化造成的影响，同时也能保证喷嘴和板材的相对位置基本不变，即保证切割的焦点位置不会变化太大。在设定加工条件时，要将凸起部位的高度考虑在内，将其视为最大板厚来设置切割条件，保证凸起部位能被正常切割。

②必须把有凸起的一面作为加工面进行切割时（图 5.43），就需要把切割速度条件设置为大于热传导速度（热传导速度 $F=2$ m/min）。在固定功率下，切割速度会随板材厚度的增加而降低，控制速度的方法并不适用于厚板。此外，使用这种方式切割时，需要控制喷嘴的高度大于凸起高度，防止凸起部位与喷嘴产生碰撞而造成损失。

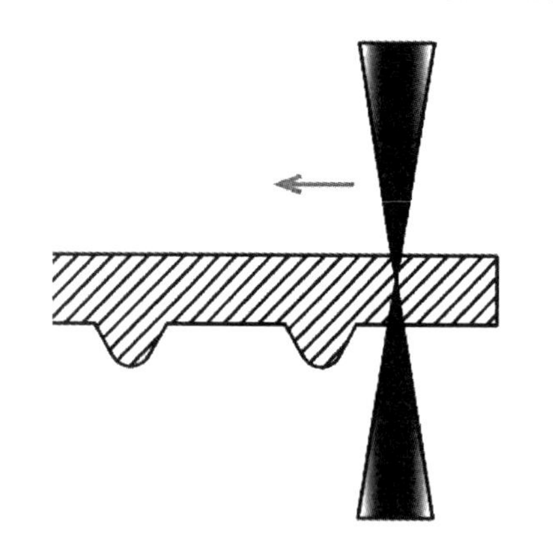

图 5.42　凸起面在加工背面

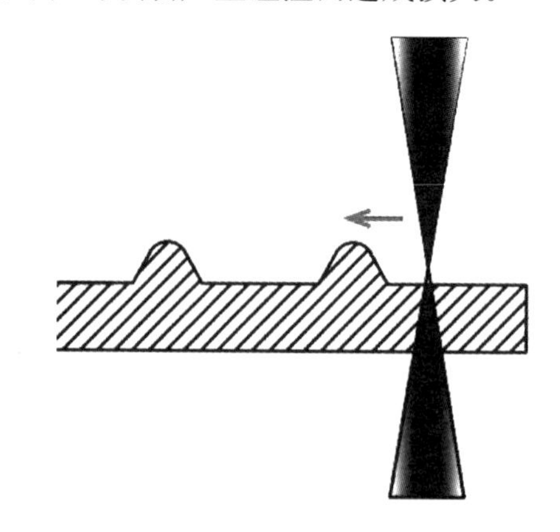

图 5.43　凸起面在加工面时

③顺着花纹方向切割可以在满足工件加工要求的同时，减少凹凸面造成的影响，原理类似于方法②。这种方法的适用性不广，但是可以在不改变其他条件的前提下优化切割质量。

任务 8　处理材料表面锈渍的方案

正常用于切割的板材应表面干净、没有生锈，这样才能最大程度控制切割精度。

1）现象

在碳钢厚板的切割中，材料的表面存在异常有时会直接影响到切割效果，例如当表面存在铁锈时（图 5.44），切割断面就可能会变得相对粗糙甚至产生过烧现象，这将直接影响到加工产品的美观和质量。尤其是对于一些需要控制精度的零件，需特别注意。

2）原因

图 5.44　碳钢板材表面生锈

激光只有在被材料表面吸收后才会转化为热能进行加工。材料表面是否生锈将直接影响到激光的吸收率，局部产生的热能也会因此存在区别。若不同区域的生锈程度不同，或者铁锈已经穿透材料表面的氧化皮扩散到材料内部，氧化皮与材料本身的附着性和紧贴性会比较差，会导致热能不均匀地施加在加工区域，极大地降低加工质量。假设整个被加工板材生锈很均匀，则理论上其对激光的吸收也是均匀的，也能获得较好的加工质量。

3）解决方法

①预处理。可以先对母材上的杂质进行预处理，待露出母材的金属后再进行加工（图 5.45）。如果板材表面存在油污，需要先去除油污，可使用含丙酮的清洁剂对材料表面进行清洗。去除铁锈的方法为采用砂轮或者砂纸打磨清理。需要注意，如果锈渍较厚甚至去除后很大程度影响了母材厚度，那么需要更换为对应厚度的工艺参数。清理后的材料应及时装配、切割，不可过长时间放置导致材料表面再次生锈。

②预加工。若被加工材料已经放置在工作台上，则可在切割前对其进行预加工。具体做法是，在编辑加工程序时，设置先标刻再切割的加工路径（图 5.46）。在机床加工时，就会先使用较低功率对所有切割路径进行一遍标刻处理，再使用正常功率开始切割。这样可以先把材料表面加工路径上的锈渍熔掉，就避免了因为热传导不均导致的切割面粗糙。预加工后，虽然切割面质量比不上完全没有生锈的材料，但从优化切割效果上看是完全可行的。另外，在有油漆、划痕或其他污渍的被加工板材上使用此方法，也能获得较优的切割质量。不过由于此方法需要切割头在同一路径上行进两次，会极大降低生产效率。

图 5.45　去除铁锈后

切割　标刻　穿孔　引线　全

标刻参数名		标刻1
标记速度 (mm/min)	*	10000
功率曲线 (1-10)	*	2
焦点偏置 (-12-8mm)	*	-0.5
喷嘴高度 (0.5-8mm)	*	5
气体类型		低压气
气体压力 (0.5-25Bar)	*	1
切割等级 (1-4)		1快速
Z轴抬起高度 (0-50mm)	*	8

图 5.46　设置标刻参数

任务 9　碳钢氧气负焦点切割

1）工艺背景

对于使用氧气切割碳钢的方法，传统激光切割工艺较难发挥出高功率激光器的切割优势，高功率激光器在使用氧气正焦点切割中薄板碳钢时无法完全发挥出机床性能，而使用空气或氮气切割又会存在切割毛刺大、耗气量大的不利情况。为了利用好高功率激光器的切割性能，更大程度体现出其加工优势，保证切割的质量，需要对传统工艺提出改进措施。

负焦点切割使用能量密度与材料吸收率更高的负焦点光束垂直照射于板材，辅以与光束同轴的超强氧气气流，能够快速有效地将熔融金属排出，从而实现快速切割。相对正焦点切割，它落在板材上的光斑更小，能量更集中，割缝更细，切割速度自然也就更快。目前激光器上安装的是自动调焦切割头，使用氧气负焦点切割，搭配 S 系列的喷嘴。当切割功率为 6～15 kW 时，对于不同厚度的碳钢板材，切割速度均有大幅度提升（图 5.47、图 5.48）。负焦点切割技术打破了以往固有的正焦点切割思维，是一种颠覆传统的切割工艺。

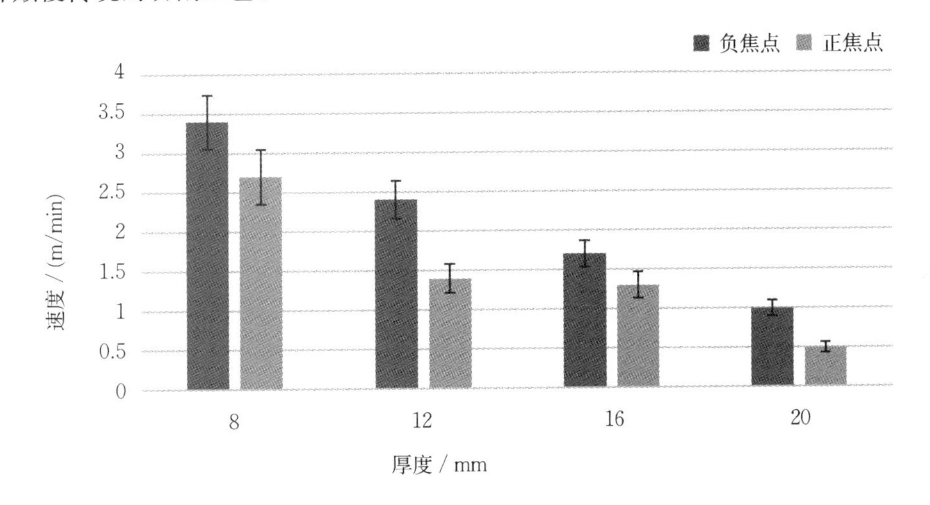

图 5.47　新旧工艺速度对比（切割功率 6 kW）

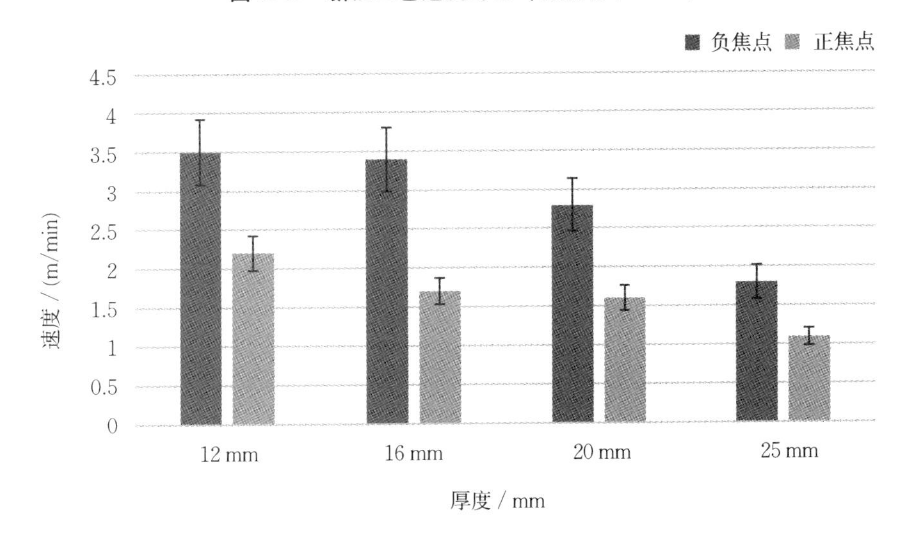

图 5.48　新旧工艺速度对比（切割功率 15 kW）

S系列喷嘴（图5.49）是于2018年底由大族激光功能部件产品中心主导研制的，2019年初已成功申请使用专利。此喷嘴的优点：气体从喷嘴口喷出后，在下方流场空间内能够形成一股较高流速的射流，速度衰减较为平稳，射流场中不会出现激波（超声速气体中的强压缩波）；对碳钢进行切割时，气流能够垂直作用于整个切割断面，从而能够更加有效地将熔融金属排出，呈现更好的切割效果（图5.50、图5.51）。

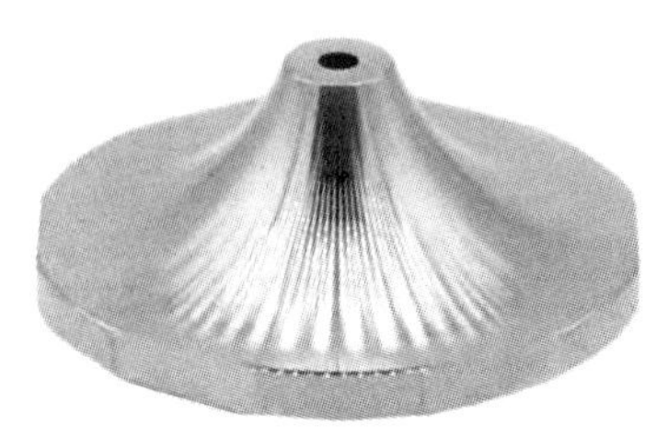

图5.49　S1.8喷嘴

图5.50　正负焦点切割12 mm厚碳钢效果对比图（切割功率6 kW）

图5.51　正负焦点切割25 mm厚碳钢效果对比图（切割功率15 kW）

2）工艺优势

碳钢氧气负焦点切割工艺的优点：

①工件锥度小，切割速度快，经济效益高。

②板材吸收率高，局部热量积累小，更利于保护齿条和机身。

③耗气量小，成本低，氧气更洁净，不易污染管道，易损易耗件使用寿命更长。

④使用的喷嘴型号较单一（主要是S1.8），一个喷嘴几乎涵盖所有厚度的板材，避免重复更换喷嘴，切割更稳定。

⑤切割随动高度高，撞板概率小，喷嘴、陶瓷环不易损坏。

练习题

一、选择题

1. 功率超过（　　）kW的光纤激光切割机一般称为高功率激光切割机。

A. 3　　B. 6　　C. 10　　D. 15

2. 氧气切割碳钢的断面最佳效果是（　　）。

A. 黑色砂面　　B. 黑色亮面

C. 白色砂面　　D. 白色亮面

3. 碳钢收刀口熔损的解决方法有（　　）。

A. 微连接、完美收刀、关光吹气、修改引线

B. 微连接、收刀降速、拐角转脉冲、调整同轴

C. 完美收刀、拐角转脉冲、降低气压、调整同轴

D. 完美收刀、拐角转脉冲、加大气压、修改引线

4. 喷嘴损坏会导致（　　）。

A. 焦点不稳

B. 割缝变宽

C. 底部牵引线偏移，割缝变窄

D. 切割头撞板，切割效果变差，对侧面切割效果不一致

5. 氧气切割碳钢常用的焦点位置为（　　）。

A. 正焦点　　B. 负焦点

C. 0焦点　　D. 正焦点和负焦点

二、判断题

1. 对于同一组工艺参数，碳钢板材的含碳量不同可能会导致切割效果的不同，含碳量更高的板材切割效果会更好。（　　）

2. 氧气切割碳钢时，气压太高可能会导致断面过于粗糙。 （ ）

3. 切割速度过快会导致割缝中的熔融金属不能及时排出，待冷却后就会黏附在工件底部形成难以去除的毛刺，特别是使用空气或者氮气切割时最易发生这种现象。 （ ）

4. 板材的切割面有锈不会影响切割效果。 （ ）

5. 氧气切割碳钢拐角过烧的原因是切割速度太快。 （ ）

三、简答题

1. 激光切割速度太快对切割质量有什么影响？

2. 激光切割速度太慢对切割质量有什么影响？

3. 同轴度对氧气助燃切割有什么影响？

4. 简述不同气体切割碳钢的特点。

项目6 不锈钢的切割

项目描述

不锈钢具有不易被腐蚀、锈蚀、磨损等优良特性，被广泛应用于灯饰、广告、电梯、家电、日用品、车辆、建材、工业机械等行业。不锈钢的加工方式有很多种，传统的有数控剪床、冲床、水切割等。随着激光技术的应用和发展，激光切割成为金属材料众多加工方式中的重要选择之一，不锈钢激光切割就是激光技术加工金属材料的一种应用。相对传统加工方式而言，激光切割具有明显的优势，如柔性化程度高、速度快、生产效率高，切割过程中无切削力、无刀具磨损、材料适应性好等。

激光切割的过程复杂，影响切割质量的因素有很多，如激光功率、切割速度、辅助气体的类型及压力大小、焦点位置、激光工作模式和喷嘴与工件表面的距离等。本项目主要介绍激光加工不锈钢的特点，分析不锈钢切割中常见问题并介绍其处理方法。

任务1　不锈钢切割工艺

不锈钢通常使用氮气或者空气进行切割，要求切割断面保持不锈钢原色则使用氮气进行切割，要求加工成本低而对切割断面无特定要求则使用空气进行切割，一般不会使用氧气进行切割。氧气切割不锈钢工艺是在早期激光器功率较低时由激光切割机厂家开发出来的，用来切割氮气和空气无法切割的较厚的不锈钢材料。例如，对于500 W的光纤激光器，氮气和空气只能切割厚度为 3 mm 的不锈钢，而使用氧气可以切割厚度为 6 mm 的不锈钢。但随着激光器的发展，功率超过 3 kW 后，氧气切割不锈钢就没有优势了，切割速度与切割质量均达不到理想效果，故本任务不再介绍氧气切割不锈钢的工艺。

1）不锈钢氮气切割

不锈钢氮气切割是激光熔化切割的典型应用。氮气作为非氧化性高压辅助气体，主要作用是吹除在激光热量作用下熔化的材料。氮气本身性质稳定，不参与材料的反应，切割断面一般不会被氧化，材料加工后不会出现发黄发黑现象，因此当对材料外观和断面要求较高时可以采用此种方式进行切割（图 6.1）。

图 6.1　氮气切割不锈钢断面效果图

氮气作为激光切割的辅助气体，对其纯度要求也比较高，一般要求氮气纯度不低于 99.99%。氮气中若含有水分，不仅切割质量和速度会明显下降，而且会因为水附在切割头镜片上，导致激光穿透性下降，甚至使得切割头镜片炸裂。

氮气切割不锈钢，只存在一个热源，即激光照射产生的热量。影响切割速度和切割厚度的主要因素是激光功率，激光功率增加，最大切割速度和切割厚度也会相应提升。比如对于厚度为 1 mm 的 304 不锈钢，若激光功率为1 kW，使用高纯氮气作为辅助气体进行切割，在合适切割参数下，最大切割速度大概为 17 m/min；若激光功率增加到 2 kW，则切割速度可达到 28 m/min。最厚切割厚度也是如此，激光功率为1 kW 在氮气作为辅助气体的条件下，可以切割的 304 不锈钢的极限厚度为5 mm，而功率为 2 kW 时则可以切割厚度为 8 mm 的 304 不锈钢。

氮气切割不锈钢的特点有：

①割缝较细。切割过程中，氮气不参与反应，激光本身光斑也很小，因此割缝较细。若不锈钢厚度增加，为了便于排出熔化的熔渣，割缝也会相应变宽。

②断面不发黑不发黄。切割过程中氮气作为辅助气体不参与反应，不锈钢不会被氧化，加工断面颜色与不锈钢原色一致。

③断面较粗糙。氮气切割不锈钢时，主要依靠激光能量作用于材料，使不锈钢熔化，再辅以高压氮气吹渣，因为氮气压力较高，切割断面一般较粗糙。

激光功率为 6 kW 的氮气切割不锈钢的工艺参数设置可参考表 6.1。

表 6.1　激光功率为 6 kW 的氮气切割不锈钢参数

材料厚度 /mm	功率 /kW	速度 /（m/min）	喷嘴	切割高度 /mm	气压 /bar
1	4	35.0～45.0	D3.0C	0.5	12
2	6	20.0～30.0	D3.0C	0.5	12
3	6	15.0～17.0	D3.0C	0.5	12
4	6	10.0～12.0	D4.0C	0.5	12
5	6	6.5～8.0	D4.0C	0.5	12
6	6	4.5～6.0	D4.0C	0.5	12
8	6	3.0～3.5	D4.0C	0.5	13
10	6	2.2～2.5	D5.0C	0.5	13
12	6	1.5～1.8	D5.0C	0.5	14
16	6	0.6～0.8	S6.0LS	0.3	15
20	6	0.4～0.5	S6.0LS	0.3	16

2）不锈钢空气切割

空气的主要成分是氮气和氧气，因此使用高压空气作为辅助气体进行激光切割时，空气不仅会喷吹熔融的材料，也会参与材料的反应。使用高压空气作为辅助气体，切割断面会部分氧化，呈现发黄或者轻微发黑现象（图 6.2）。

为了节约成本，可以选择使用空压机制造高压高纯空气。但对空压机的输出气压、纯度、流量等都有要求。输出气压不能低于 1.6 MPa；空压机需要配套冷干机和过滤器。激光功率不同，切割的厚度不同，需要的流量也不同，功率为 3 kW 空气切割 10 mm 不锈钢，要求流量不低于 1 m^3/min，功率越高，切割厚度越厚，需要的气体流量也越大。

图 6.2　空气切割不锈钢断面效果图

空气切割不锈钢的主要特点有：

①断面发黄发黑。切割过程中因辅助气体里含有氧气，所以会导致切割面氧化变黄，材料厚度越厚，切割面颜色也会越深，达到一定程度后会呈现黑色。

②断面较粗糙。空气切割不锈钢，主要依靠激光能量作用于材料使其熔化，再辅以高压空气吹渣，因为空气压力较高，切割断面一般较粗糙。

③切割成本较低。使用空压机制造高纯高压空气的成本相对较低（相比高纯氮气），主要成本为空气机、冷干机等相关设备的采购，设备用电以及空压机、冷干机、过滤器等设备的相关耗材的更换。

激光功率为 6 kW 的空气切割不锈钢的工艺参数设置可参考表 6.2。

表 6.2　激光功率为 6 kW 的空气切割不锈钢参数

材料厚度/mm	功率/kW	速度/（m/min）	喷嘴	切割高度/mm	气压/bar
1	4	35.0～45.0	D3.0C	0.5	12
2	6	20.0～30.0	D3.0C	0.5	12
3	6	16.0～18.0	D3.0C	0.5	12
4	6	10.5～12.5	D4.0C	0.5	12
5	6	7.0～8.5	D4.0C	0.5	12
6	6	4.8～6.5	D4.0C	0.5	12
8	6	3.5～3.8	D4.0C	0.5	13
10	6	2.5～2.8	D5.0C	0.5	13
12	6	1.6～1.9	D5.0C	0.5	14
16	6	0.7～0.9	S6.0LS	0.3	15
20	6	0.4～0.5	S6.0LS	0.3	15

任务 2　解决不锈钢切割拐角毛刺的方案

1）现象

当采用空气或者氧气作为辅助气体切割不锈钢时，在加工图形的拐角处、尖角处或加工结束处的材料背面有时会出现毛刺（图 6.3、图 6.4）。

2）原因

切割头一直按照 NC 程序和机床设定的速度移动，但移动到图形拐角处或者结束处，受设备机械特性影响速度会减慢。一般情况下，激光功率的设定是固定不变的，在加工速度减慢的位置，激光功率与速度的平衡会遭到破坏（速度慢、功率过剩），从而导致毛刺的产生。

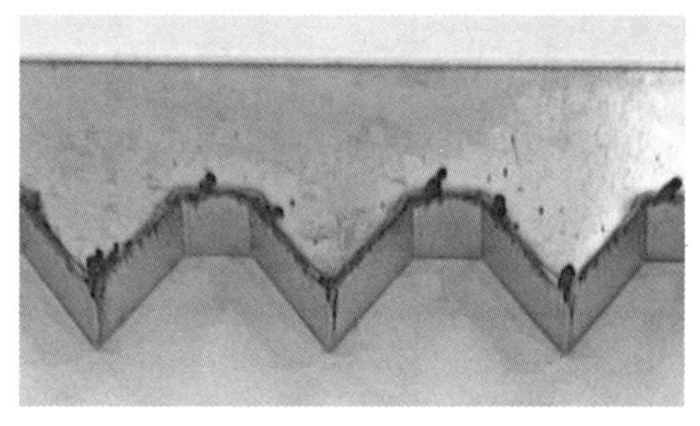

图 6.3　拐角切割存在毛刺

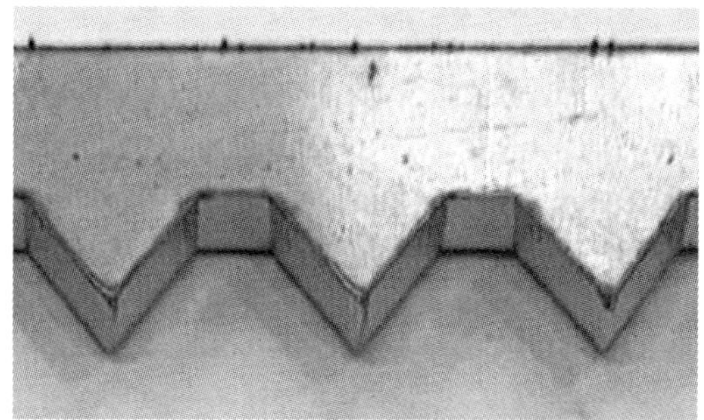

图 6.4　拐角切割无毛刺

3）解决方法

①修改轨迹。修改轨迹使切割速度不在拐角处或者结束处降低。例如，可以在拐角处进行环形切割，以避免切割速度的急剧下降；在内孔加工结束处使用过切，也可以在不降低切割速度的同时切出内孔，当尖角内外都是产品时则不能使用此方法。

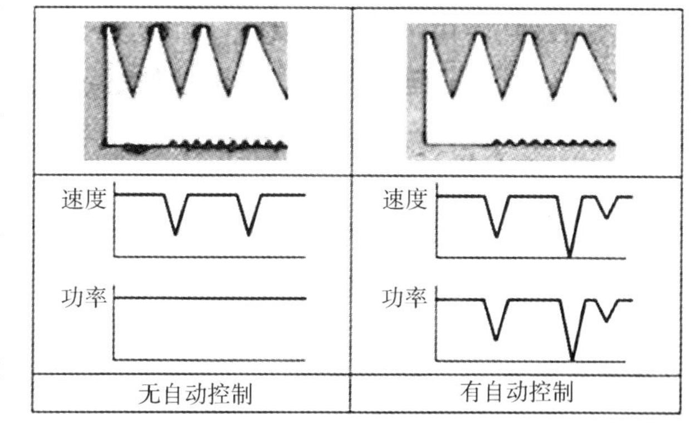

图 6.5　尖角处功率控制

②功率调节。针对拐角处或者结束处速度慢、功率过剩问题，现已开发出对应的控制功能（图 6.5），即可以根据速度的变化实时调节激光器输出功率至适当功率，以达到最佳切割效果。

任务 3　改善不锈钢切割起刀缺陷的方案

1）现象

激光切割厚不锈钢时，氮气穿孔产生的熔渣易堆积在穿孔处（图 6.6），切割头起刀经过时就会导致加工不良。

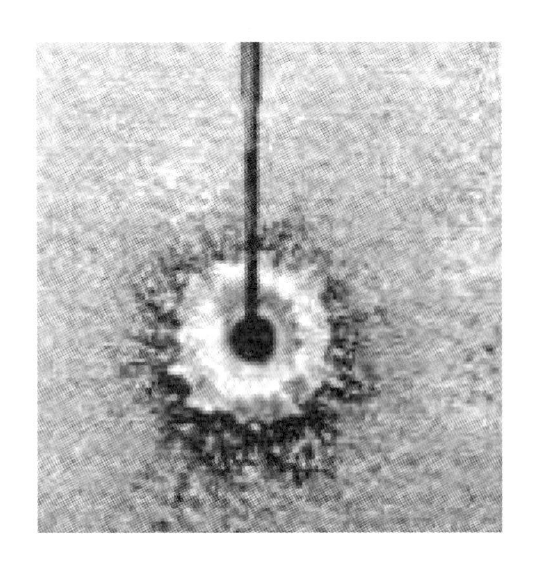

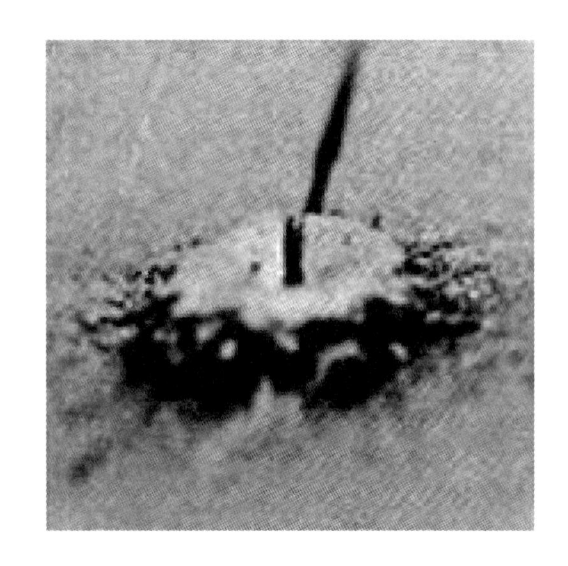

图 6.6　穿孔之后表面的熔渣

2）原因

堆积物的存在一方面使得切割高度发生变化，降低了切割时照射在材料表面的能量密度，另一方面会扰乱辅助气流，从而导致切割不良。

3）解决方法

①使用自动调焦切割头。若穿孔焦点与切割焦点不在同一位置，选择合适的穿孔焦点可以减少穿孔熔渣的产生。

②设置引入线和慢速起刀（图 6.7）。此方法能让切割头穿完孔之后，在经过表面熔渣区域时，速度降低，功率增加，以确保能较稳定实现在熔渣处的切割。

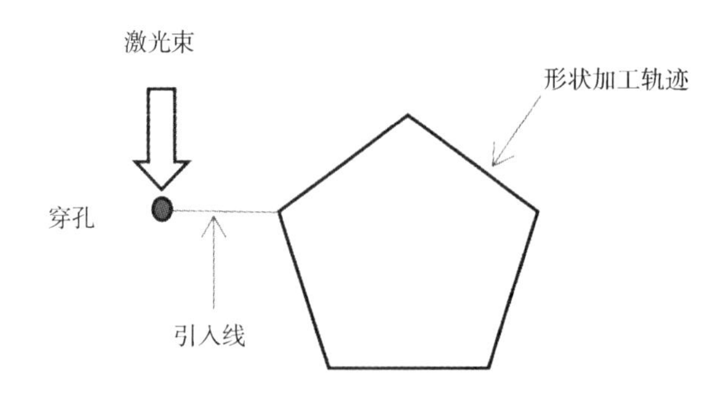

图 6.7　切割动作示意图

③使用氧气穿孔。该方法可以大幅减少穿孔后表面产生的熔渣。需要注意的是，氧气穿孔完成后，在切换为氮气切割前，需要在切割前先预吹部分氮气把残留氧气排出去，这样可以避免氧气穿孔后管道内残留的氧气混在氮气中使切割起刀处有一段距离出现断面氧化发黄（图 6.8）。

图 6.8 起刀切割断面氧化发黄

任务 4 寻找不锈钢切割最佳焦点的方案

在不锈钢的切割中，加工质量的缺陷主要表现为熔融的金属冷凝在被加工物的背面，形成毛刺。毛刺的多少、形貌、高度依加工条件或加工形状而有所差异。本任务主要讨论不锈钢切割时焦点位置对切割质量的影响。

激光器发出的激光通过光纤传输到切割头，通过切割头聚焦后的光斑直径或射向材料的入射角会随着焦点位置不同而不同。光斑直径越小，能量密度就越大，熔融金属升温就越快。反之，光斑直径越大，熔融的金属量越多，升温越慢。熔融金属温度高时，黏度较低，在割缝中的流动性好，易于从割缝中排除。割缝较窄时，则通过的辅助气体量也较少，熔融金属不易被吹出。另外，割缝形状在板厚方向上的变化也会影响熔融金属的流动状态。

可以根据毛刺的黏着状态来调整焦点位置，当焦点位置过浅时，毛刺的前端会比较尖锐；反之，当焦点过深时，毛刺将呈球状（图 6.9、图 6.10）。因此可根据毛刺形态，寻找焦点的最佳位置。

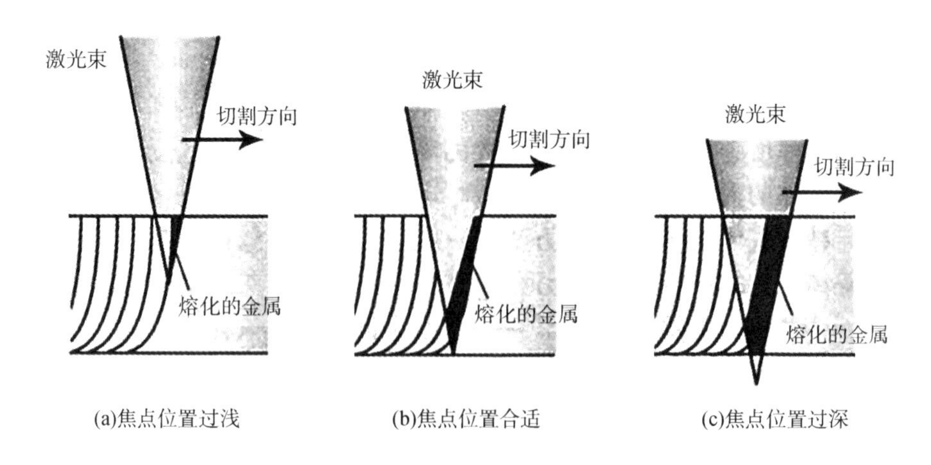

图 6.9 加工物正面毛刺黏着状态

图 6.10 加工物背面毛刺黏着状态

任务 5 覆膜不锈钢切割

为了保护材料表面，避免划痕或者损伤，有时候会在材料表面覆一层保护膜，尤其在厨具、装饰这些以薄板加工为主的行业，主要材料为表面覆保护膜的不锈钢。

激光切割覆膜的不锈钢，有时切割质量良好，有时却会在切割过程中出现保护膜剥离的情况（图 6.11）。切割后两面覆膜的不锈钢背面特别容易产生毛刺，主要是因为背面的保护膜会影响熔渣的排出，需打磨或者使用去毛刺机二次加工去除。

1）保护膜剥离的原因

不锈钢保护膜按保护膜材质可分为 PVC 膜、PE 膜、PET 膜等；按保护膜外观可分为蓝膜、白膜、定制印刷膜等；按保护膜厚度可分为 3C、5C、7C 等；按产地可分为国产膜、进口膜；按用途可分为普通保护膜、彩版底膜、激光加工膜等。

在切割过程中，切割辅助气体会向被加工物的表面扩散，侵入保护膜与材料表面间隙，使保护膜发生剥离（图 6.12）。保护膜发生剥离主要有两方面的原因：激光加工条件和保护膜本身。

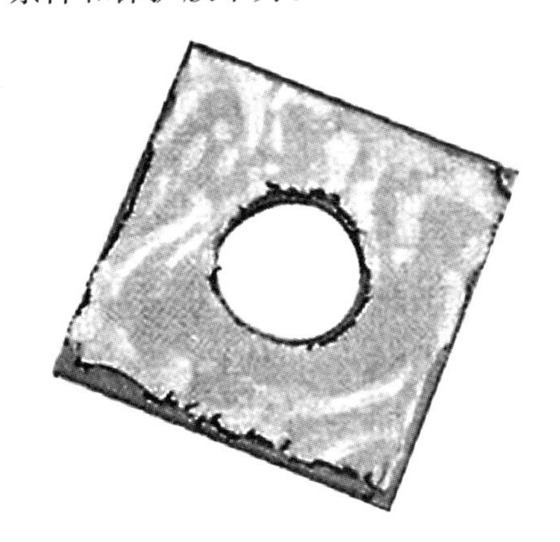

图 6.11　保护膜剥离

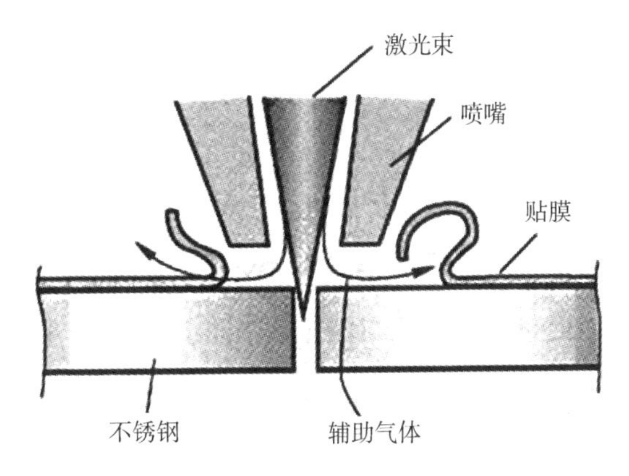

图 6.12　辅助气体的流动

①激光加工条件。保护膜受到激光照射，其边缘黏合剂的黏结强度会因加热而显著降低，从而为保护膜剥离创造了条件。

②保护膜本身。若保护膜与不锈钢材料的黏合性低，则激光作用产生的热量会使保护膜收缩，边缘剥离；再加上辅助气体以边缘为突破口，从保护膜与材料间隙中侵入，将引起保护膜大面积剥离。

2）解决方法

①调节激光加工条件。可以减少或者关闭吹气延时、降低喷嘴离材料表面的高度，以破坏保护膜剥离条件。

②使用专用保护膜。当前一些保护膜生产厂家针对激光切割特性，研发生产了黏合性和耐热性都加强了的激光切割专用保护膜，提高了保护膜剥离的阈值，不过使用前，一般需要对这种保护膜性能进行测试确认。

练习题

一、单选题

1. 氮气切割不锈钢，只存在一个热源，即激光照射产生的热量。以下关于氮气切割不锈钢的说法错误的是（　　）。

A. 割缝较细，因为切割不锈钢过程中，氮气不参与反应

B. 断面不发黑不发黄，加工断面颜色与不锈钢原色一致

C. 氮气切割不锈钢时，主要依靠激光能量作用于材料，使不锈钢熔化，再辅以高压氮气吹渣，因为氮气压力较高，切割断面一般较粗糙

D. 切割成本较低

2. 在激光切割不锈钢薄板时会出现切割变形现象，下列关于改善不锈钢薄板切割变形的方法正确的是（　　）。

A. 因材料热胀冷缩特性而产生的加工形状尺寸变化，可以通过NC程序按比例进行缩放

B. 设置引入线和慢速起刀

C. 使用自动调焦切割头

D. 根据速度的变化实时调节激光器输出功率至适当功率

3. 下列关于改善不锈钢起刀缺陷的做法错误的是（　　）。

A. 设置引入线和慢速起刀　　B. 使用自动调焦切割头

C. 使用氧气穿孔　　D. 使用收刀工艺

4. 在不锈钢的氮气切割过程中，需要调整合适的焦点位置以达到较好的切割效果，下列图中能得到较好切割效果的焦点位置的是（　　）。

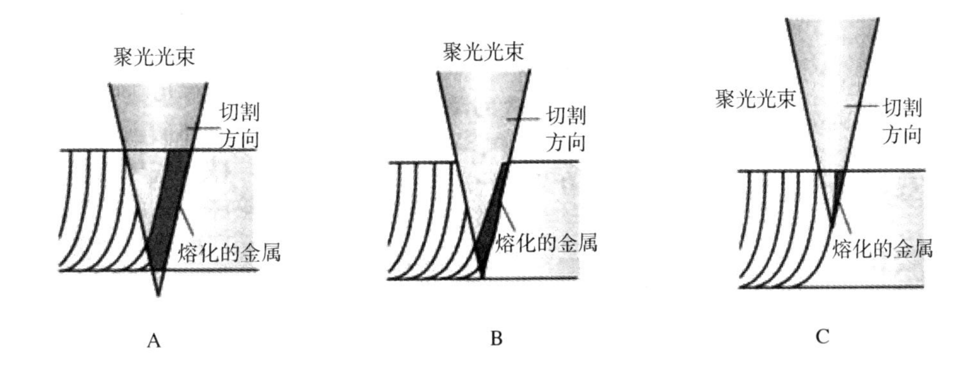

二、判断题

1. 不锈钢氮气切割是激光熔化切割的典型应用。氮气作为非氧化性高压辅助气体，其主要作用是吹掉在激光热量作用下熔化的材料。 （ ）

2. 不锈钢使用高压空气作为辅助气体进行激光切割，空气仅喷吹熔融的材料，不参与材料的反应。 （ ）

3. 激光切割不锈钢时在加工图形的拐角处、尖角处或加工结束处的材料背面出现毛刺是因为激光功率与速度的平衡在这些位置遭到破坏（速度慢、功率过剩）。 （ ）

4. 切割覆膜不锈钢的过程中，切割辅助气体向被加工物的表面扩散，侵入保护膜与材料表面间隙，使保护膜发生剥离，其主要原因为激光加工条件和保护膜本身。 （ ）

5. 解决覆膜不锈钢切割过程中保护膜剥离的现象可以开启吹气延时，增高喷嘴离材料表面的高度。 （ ）

三、简答题

1. 在激光切割覆膜不锈钢过程中可能发生保护膜剥离，这主要有两部分原因：激光加工条件和保护膜本身。请简述这两种原因导致保护膜剥离的具体原理。

2. 激光切割不锈钢主要分为氮气切割和空气切割，请简述两者之间的不同之处。

项目7 铝合金的切割

项目描述

铝合金由于其良好的物理化学性能和优异的机械性能，广泛应用于航空、航天、汽车、机械制造、船舶等领域。随着现代工业产品朝着高强度、轻型化、高性能的方向发展，铝合金激光切割技术也朝着精密、高效、灵活的方向发展。激光切割具有割缝窄、热影响区小、效率高、切边无机械应力等优点，已成为铝合金精密加工的重要技术。当前的铝合金激光切割一般采用切割头加辅助气体的方式，其作用机制为激光聚焦于铝合金内部，将铝合金汽化熔化，配合高压辅助气体将熔化的物质吹除。但是由于光斑较大，热影响区域大，容易在切割边缘处产生挂渣和微裂纹，影响最终的切割精度和切割效果。激光切割铝合金比切割不锈钢更难，其中一个原因是铝合金易反光，即反射部分激光，导致能量利用率低；另外一个原因是熔融状态的铝合金黏性较高，排渣比普通不锈钢难，影响切割效果。铝合金对于激光束能量的吸收率较低，切割质量难以控制，所使用辅助气体一般为空气、氮气或混合气，气体流量为40～50 m^3/h。铝合金的反射率和导热性会制约其切割工艺，但不是影响其激光切割效率的主要因素。切割厚度仍主要取决于铝合金类型和激光切割机所配的激光器功率以及切割头类型等，另外切割速度也主要取决于激光器功率及板材厚度。纯铝因纯度高而难以切割，只能通过在光纤激光切割机上安装“反射吸收”装置来切割，同时要做好反光保护措施，否则反射的激光会毁坏光学组件。此外，切割铝合金会产生大量金属粉尘，吸入粉尘会对人体造成严重伤害，因此切割铝板时要带上防尘口罩。

由于铝合金在当今工业生产中有着广泛应用，人们对铝合金的研究越来越深入。但是对铝合金激光切割的研究还是少之又少，铝合金激光切割规律还有待发掘，仍需要业界同行共同努力探索研究。本项目主要介绍铝合金切割的常规工艺以及一些特殊工艺，让学生能够对切割铝合金这种特殊材料有简单的认识。

任务1　铝合金切割工艺

铝合金虽然是特殊材料，但其切割工艺与不锈钢切割大同小异。铝合金通常使用氮气、空气或者混合气进行切割。因氧气与铝合金反应剧烈，切割过程有一定的危险性，所以不适合用氧气进行切割。若要求切割断面保持铝合金原色则使用氮气进行切割，若要求加工成本低而对切割断面无特定要求则使用空气进行切割。混合气切割是目前防止铝合金出现毛刺的最好的方式，但工艺较为复杂。混合气体种类不同、比例不同，切割效果会存在差距，不适合初学者，故不在本项目作详细介绍。

1）铝合金氮气切割

氮气可以吹除熔渣形成割缝并避免参与化学反应。熔点区域温度相对较低，加上氮气的冷却、保护作用，使反应平稳、均匀，切割质量高，断面细腻光滑，表面粗糙度低，而且无氧化层。在铝合金切割中，使用氮气切割是常规工艺，氮气会在熔化金属液体周围形成保护氛围，防止材料被氧化，从而保证切断面品质，通常切割的铝合金断面呈现光白发亮的状态（图 7.1）。但同时又因为氮气没有氧化能力导致无法增强热量传递，所以无法像氧气一样提高激光的切割能力。此外，由于氮气作为辅助气体时，消耗量很大，导致切割成本相比使用其他辅助气体时有所增加。

图 7.1　氮气切割铝合金

在使用氮气切割铝合金时，通常可以参考不锈钢的切割工艺。对于常规厚度铝合金，通常使用负焦点切割；对于中等厚度及以上铝合金，则使用正焦点脉冲切割（例如，激光功率为 12 kW 时，厚度为 12 mm 以上的铝合金可以使用此切割方法）。但其切割速度不能超过同等厚度的不锈钢的切割速度，否则容易反光损坏激光器及切割头光学部件。对于所有类型的板材，每一种厚度都有一个合适的速度范围，速度过快时无法切透板材。通常材料切不透时会导致反光，其中高反材料反射的光更多。同时伴随着反渣现象，切割过程中的熔渣不能正常排出，反射到切割板表面及喷嘴上。下面简单介绍负焦点及正焦点脉冲切割铝合金的方法。

（1）负焦点切法（图 7.2）

负焦点切法使用 1.8 mm、2.0 mm、3.0 mm、4.0 mm 口径的喷嘴，将切割速度设置为比切割同厚度的不锈钢稍慢，气体压力、喷嘴高度等其他参数设置可与不锈钢工艺参数相似。要注意的是，熔融状态的铝合金黏性较高，排渣比普通不锈钢难，容易在板材穿孔处堆积金属渣，因此铝合金穿孔比不锈钢穿孔难度大。

（2）正焦点脉冲切割法（图 7.3）

正焦点脉冲切割法使用 5.0 mm、6.0 mm、7.0 mm 等大口径喷嘴，与不锈钢厚板的切割工艺相似，通常是使用低占空比、低频率的激光脉冲，切割速度比切割同等厚度不锈钢慢。例如，对于功率为 12 kW 的激光，切割 16 mm 不锈钢的速度为 2.8～3.0 m/min，切割 16 mm 铝板的速度为 2.0～2.5 m/min。中等厚度以上（对于功率为 12 kW的激光，一般指厚度范围为 16～40 mm）铝合金穿孔比不锈钢穿孔难度更高。

图 7.2　负焦点切割铝合金

图 7.3　正焦点脉冲切割铝合金

激光功率为 15 kW 的氮气切割铝合金的工艺参数设置可参考表 7.1。

表 7.1　激光功率为 15 kW 的氮气切割铝合金参数

材料厚度 /mm	功率 /kW	速度 /（m/min）	喷嘴	切割高度 /mm	气压 /bar
4	15	25.0～32.0	D3.0C	0.6	12
5	15	21.0～25.0	D3.0C	0.7	12
6	15	17.0～22.0	低 3.0	0.8	12

续表

材料厚度/mm	功率/kW	速度/（m/min）	喷嘴	切割高度/mm	气压/bar
8	15	16.0～20.0	低 3.0	0.5	12
10	15	10.0～12.0	低 5.0	0.6	12
12	15	6.0～7.5	低 5.0	0.7	13
16	15	2.5～3.0	低 5.0	0.6	13
20	15	1.6～2.0	低 5.0	0.7	18
25	15	1.0～1.2	低 5.0	1	20
30	15	0.8～1.0	低 5.0	0.5	18
35	15	0.6～0.7	低 5.0	0.6	25

2）铝合金空气切割

使用空气作为辅助气体切割铝合金时，在断面表层，空气中的氧气与铝合金会发生氧化反应生成氧化物，从而导致断面稍微发黑（图 7.4）。

图 7.4　空气切割铝合金

当使用空气作为辅助气体进行切割时，氧气的存在使得切割断面必然发生氧化反应，但因同时存在大量氮气，且氧气带来的氧化反应又不足以增强热量传递，所以切割能力不会提高，可以认为空气切割的效果介于氮气切割和氧气切割之间。空气切割的成本非常低，主要是空压机为提供空气而消耗的电力成本，以及空气管路中消耗的滤芯成本。空气切割过程中产生的氧化物，能提高材料的吸收效率，同时

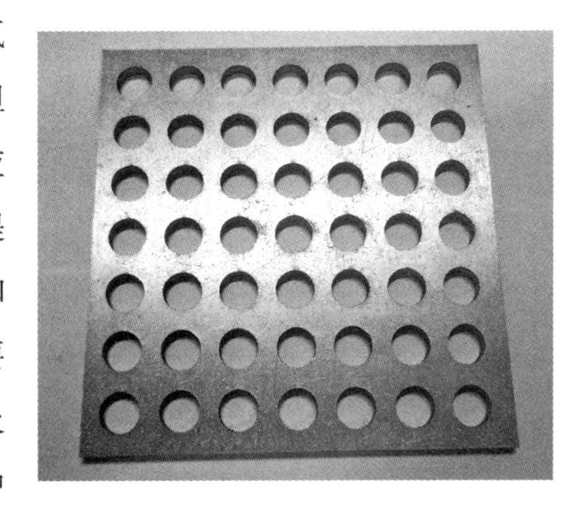

图 7.5　空气切割铝合金效果

可以减少切割毛刺。如果使用氮气切割，毛刺反而较多。总体来说，空气切割与氮气切割没有很大区别，其切割效果比氮气切割略好。切割气压可根据实际情况进行设置，一般情况下可比氮气切割的气压稍低。

任务2　解决铝合金切割底部挂渣方案

1）现象

激光切割的铝合金，除了薄板，其他中厚板材均会出现挂渣或者裂纹等缺陷。铝合金是高反材料，熔融状态的铝合金黏性较高，排渣比普通不锈钢难，切割铝合金过程中容易出现毛刺（图 7.6）。此外，切割速度过快也易产生毛刺，切割速度过慢则会导致铝合金出现裂纹。

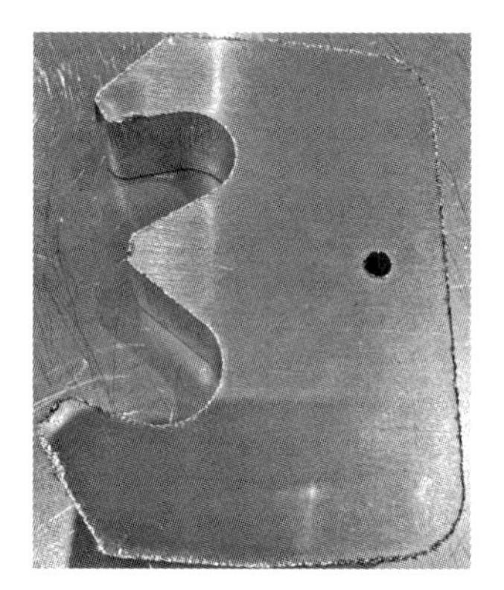

图 7.6　铝合金挂毛刺现象

2）解决方法

①使用空气切割。空气切割铝合金的原理是依靠激光的能量把铝合金熔化，利用高气压吹走熔融物，期间部分物质会氧化或者燃烧，在切面上形成氧化铝。氧化铝可以提高材料对激光束的吸收率，并且其黏性较铝合金熔融物低，能有效改善铝合金切割底部挂渣问题。

②预加工。如果板材表面部分被氧化或者有油漆、划痕或其他污渍等，切割过程中会影响材料对激光的吸收，造成激光能量分布不均匀，从而导致部分切割断面挂渣严重。此时若被加工材料已经放置在工作台上，则可在切割前对其进行预加工。具体做法是，在编辑加工程序时，设置先标刻再切割的加工路径。在机床加工时，就会先使用较低功率对所有切割路径进行一遍标刻处理，再使用正常功率开始切割。这样可以先把材料表面加工路径上的氧化皮熔化去除，避免了因为热传导不均导致的切割面粗糙。预加工后，虽然切割面质量比不上完全没有氧化皮的材料，但仍然可以有效优化切割效果。

练习题

一、填空题

1. 激光切割具有________、________、________、________等优点。

2. 对于常规厚度铝合金，通常使用________切割方法，针对中厚及以上的铝合金，使用________切割方法。

3. 铝合金使用________作为辅助气体进行切割时，切割断面呈现稍黑，主要是铝合金与辅助气体发生化学反应生成________。

二、判断题

1. 在铝合金切割中，使用氮气切割是常规工艺，氮气会在熔化金属液体周围形成保护氛围，防止材料被氧化，从而保证切断面品质。 (　　)

2. 切割速度过快会使得铝合金出现裂纹，速度过慢容易产生毛刺。 (　　)

3. 铝合金的切割速度相较于不锈钢偏慢，中厚铝合金穿孔比不锈钢穿孔更简单。

(　　)

三、简答题

1. 空气作为辅助气体切割铝合金的特点是什么?

2. 如何解决铝合金切割底部挂渣的问题?

项目8 铜合金的切割

项目描述

目前金属加工行业除不锈钢和碳钢外，铜使用率也比较高。铜材料具有优良的导电性、导热性、延展性、耐腐蚀性、耐磨性等，因此被广泛地应用于电子、能源、石化、机械、冶金、交通、轻工等领域。铜材也能用激光切割机加工，但是实际操作中应用很少，尤其是紫铜。因为铜材料价格高，且铜材质产品的质量及精度一般要求较高，大部分厂商会优先选择传统加工方式。

紫铜的主要成分是铜，其含量可以高达99.9%，而黄铜的成分还有锌，比较特殊的黄铜可能还会有其他杂质。黄铜和紫铜属于高反材料，对常见波长激光的吸收率极低，同时具有良好的热传导性能。因此，铜吸收的热量很快会扩散到加工区周围，导致激光切割能力变弱，很容易出现切不透的现象。激光无法穿透板材会造成反光（即激光反射），从而损伤激光器和切割头。黄（紫）铜由于反射率过高，基本上不能用二氧化碳激光束切割，但可采用高功率光纤激光器，选择氮气或氧气作为辅助气体来进行切割。目前很多激光器厂家针对切割过程中的高反光问题，采用隔离或消减技术来提高激光器抗高反光的能力。

激光技术已发展了数十年，愈发趋向于成熟，在许多行业领域都能看到激光技术的身影，比如说在钣金加工制造行业，激光切割已经是该行业必备的技术，但如何切割高反材料仍然是一个难点。本项目主要介绍铜合金切割的常规工艺，让学生能够对切割铜合金这种特殊材料有简单的认识。

任务1　黄铜氮气切割

激光切割黄铜，可以参考项目6不锈钢的切割，使用氮气作为辅助气体。其切割断面呈黄色（图 8.1），断面纹路与不锈钢一致，切割速度建议比同等厚度不锈钢稍慢，以避免出现切不透的现象。

图 8.1　氮气切割黄铜效果

①辅助气体

使用空气、氧气作为辅助气体进行切割时，会与铜反应生成氧化膜，影响切割断面美观，而使用惰性气体则切割成本较高。因此，一般使用氮气作为辅助气体进行切割，除了起到吹气排渣的作用外，还可起到保护作用，防止铜与空气中的氧气进行反应生成氧化膜。

②切割工艺

与不锈钢切割工艺相似，可使用与不锈钢切割相同的喷嘴，切割速度设置为比不锈钢的稍慢，同样采用负焦点切割方法，根据激光器功率选择合适的厚度。切割前应检查保护镜片，同时开启传感器冷却气，避免反光造成喷嘴切割头发烫，从而影响切割效果。激光功率为 20 kW 的氮气切割黄铜的工艺参数设置可参考表 8.1。

表 8.1　激光功率为 20 kW 的氮气切割黄铜参数

材料厚度/mm	功率/kW	速度/（m/min）	喷嘴	切割高度/mm	气压/bar
1	10	35.0～45.0	D2.0LS	0.5	12
2	15	25.0～35.0	D2.0LS	0.5	12
3	20	20.0～25.0	D2.0LS	0.5	12
4	20	15.0～20.0	D2.0LS	0.5	12
5	20	12.0～18.0	D3.0LS	0.5	12

续表

材料厚度/mm	功率/kW	速度/（m/min）	喷嘴	切割高度/mm	气压/bar
6	20	8.0～10.0	D3.0LS	0.5	12
8	20	6.0～8.0	D4.0LS	0.5	13
10	20	4.0～5.5	D4.0LS	0.5	13
12	20	2.0～3.0	D4.0LS	0.3	14
16	20	1.5～2.0	D5.0LS	0.3	15
20	20	0.7～1.2	D5.0LS	0.3	16

任务2 紫铜高压氧气切割

紫铜具有良好的热传导性能，激光束照射在板材表面的热量传导散热快，再加上紫铜的高反属性，因此切割紫铜时使用氮气难度较大，常使用高压氧气切割（图8.2）。

图8.2 高压氧气切割紫铜效果

1）辅助气体

紫铜属于高反材料，其优良的散热性能会影响激光切割效率，激光照射在板材上面，很大一部分能量被紫铜散热消耗掉，还有一小部分经反射被损耗。高压氧气可作为辅助气体切割紫铜，比使用氮气或者空气切割效率更高。氧气一部分参与反应与铜生成氧化物，可增强切割能力，另一部分则起到吹渣作用。切口断面会出现发黑现象，切割速度越慢，断面越黑。这主要是因为铜是不太活泼的重金属，在常温下不与干燥空气中的氧气反应，只有加热时才能与氧气反应生成黑色的氧化铜。通常情况下，切割速度不宜过快，切割高反材料时速度过快容易出现切不透现象，从而造成反光，损坏切割头及激光器。

2）切割工艺

紫铜切割与黄铜相似，使用同类型喷嘴，采用负焦点切割，注意辅助切割气体要改为高压氧气。一般情况下，大部分激光切割机的氧气管道并不适合高压氧，高压会造成爆管，因此在切割紫铜时需要更改氧气管道。在切割速度较慢的情况下，紫铜的切割断面比较黑。若采用适中的速度切割稍厚一点的紫铜材料，则一般切割底部会出现挂渣现象，但是挂渣容易去除。激光功率为 20 kW 的高压氧气切割紫铜的工艺参数设置可参考表 8.2。

表 8.2　激光功率为 20 kW 的高压氧气切割紫铜参数

材料厚度 /mm	功率 /kW	速度 /（m/min）	喷嘴	切割高度 /mm	气压 /bar
1	10	20.0～45.0	D2.0LS	0.5	12
2	15	20.0～35.0	D2.0LS	0.5	12
3	20	15.0～25.0	D2.0LS	0.5	12
4	20	12.0～20.0	D2.0LS	0.5	12
5	20	10.0～15.0	D3.0LS	0.5	12
6	20	7.0～9.0	D3.0LS	0.5	12
8	20	5.0～6.0	D4.0LS	0.3	12
10	20	4.0～5.5	D4.0LS	0.3	12
12	20	3.0～4.0	D4.0LS	0.3	12
16	20	1.5～2.5	D5.0LS	0.3	12
20	20	0.7～1.2	D5.0LS	0.3	12

练习题

一、填空题

1. 铜材料具有优良的________、________、________、________、________等性质，被广泛地应用于电子、能源、石化、机械、冶金、交通、轻工等领域。

2. 黄铜和紫铜属于________，对常见波长激光的吸收率________。

3. 黄铜和紫铜切割时采用________切割方法。

4. 切割黄铜，使用________作为辅助气体进行切割。切割断面呈________，切割速度建议比________稍慢，避免出现________的现象。

二、判断题

1. 由于紫铜的属性与不锈钢不同，使用氮气很难切割，因此需要使用高压空气进行切割。（　　）

2. 氮气作为辅助气体切割黄铜，在切割过程中除了起到吹气排渣的作用，还会起到保护作用。（　　）

3. 切割紫铜时为了提高生产效率，可以加快切割速度。（　　）

三、简答题

1. 切割紫铜时选择什么气体作为辅助气体？为什么？

2. 简述紫铜的切割方法。

参考答案

项目1 激光切割基础知识

一、1—4 C C D B

二、1—2 × ×

三、1. 航空航天、钟表仪器等。(学生们发散思维，自行思考)

2. 略。

项目2 激光切割工艺分析

一、1. CAM 程序输出 激光工艺方法的选择及参数设置 激光切割设备执行

2. 氧气切割 氮气切割 空气切割 惰性气体切割

3. 高焦点切割 负焦点切割

4. 切割精度 切口质量 热影响区 黏渣

5. 切口宽度 切割面粗糙度 切口锥度

二、1. 切割精度主要表现在误差及锥度两个方面，与激光器功率、切割材料和所用辅助气体有关。工件误差可以通过调节零件补偿值来减小，而锥度的产生的原因是激光并非平行光，切割时必然会产生一定的锥度。

2. 激光通过聚焦镜照射在板材上，光束呈锥形，当焦点的高度不同时，聚焦光斑的直径也不同，从而导致板材切割产生的切口宽度不同。可以通过设置工艺参数的焦点位置来控制激光焦点位于板材的高度，进而影响切口宽度。

切口宽度主要取决于光束模式和聚焦光斑的直径。此外，切割参数也有一定的影响。使用不同的工艺技术时，切割零件的切口宽度也会有所区别。

3. 黏渣是指激光切割中在被加工工件表面切口附近附着的熔融金属飞溅物，又称熔渣、熔瘤等。通常是因为在切割过程中辅助气体未能将切割中产生的熔化或者汽化材料彻底清除，从而在下缘附着形成熔渣。

常见的情况：①氧气切割碳钢时底部出现难去除的金属毛刺；②氧气切割碳钢时底部黏渣成点滴状；③工件切口只有一边出现黏渣，可能是因为切割头同轴没有设定好，需要重新打同轴。

项目3 质量控制影响因素

一、1—5 B A A B B

二、1—2 AD ABD

三、1—5 × √ √ × ×

四、1. 辅助气体除了在切割过程中吹除割缝中的熔融物质外，还能冷却加工材料的表面，减小热影响区，以及冷却聚焦透镜，防止烟尘进入污染镜片，避免镜片过热。

2. 优质的喷嘴，其材质导电率高、导热效果良好。比如，紫铜材质的喷嘴会比黄铜材质的喷嘴导电导热性能好，能传输高质量的电容信号，能保证稳定的切割。

3. 以氧气切割碳钢为例，当激光功率和切割速度一定时，氧气压力增大，则氧气流量变大，其氧化反应速度也会随之加快，氧化的热反应能量加大，使割缝变宽，工件的断面波痕的条纹深而粗，导致切割断面粗糙；氧气压力减小，则氧气流量变小，其氧化速度减慢，割缝变窄，工件的断面质量提高。当氧气压力降低到某一数值时，切口材料将不完全氧化，此时割缝下表面会黏附较多的熔融金属，甚至不能切透工件。

4. 单层喷嘴一般用于氮气切割不锈钢，以及对精度或表面要求高的精细切割。双层喷嘴因其气体流速较高，一般用于高速切割。氧气切割碳钢一般选用双层喷嘴，其速度快，但割缝较宽，且切割面会因氧化而发黑。

5. 在使用CAM编程软件设计工件的切割路径时，需要遵循以下几项原则：①尽可能降低板材的变形程度；②合理设置激光切割的起始点，确保板材平面的稳定性；③优化切割路径，避免切割路径破坏工件、减少激光切割头空运行的时间、避免激光切割头因工件翘起发生碰撞等。

项目4 激光切割穿孔工艺

一、1—4 D C A D

二、1—5 √ √ × √ ×

三、1. 提高频率降低单一脉冲的输出功率可有效减少熔融物的量。在相同的功率和占空比条件下，高频率的每一次脉冲的能量会比低频率的每一次脉冲的能量小，高频穿孔时每次脉冲熔化的金属会较少，而低频穿孔时每次脉冲熔化的金属会较多，穿孔时低频穿孔的熔渣排除现象会比高频穿孔更加明显。低频率穿孔更容易产生熔渣堆积。

2. 减少板材穿孔时熔渣堆积的方法有：

①使用小圆起刀将熔渣和母材一起切除。

②使用激光束将板材表面熔渣融化后去除，如穿孔阶段后增加一个除渣的阶段。

③提高引线位置的切割随动高度，避免喷嘴碰到熔渣。

④关闭引线位置熔渣部分的传感器随动报警，让切割头稳定切割，要注意熔渣过大且顽固时可能会撞坏喷嘴，适合母材较软的材质。

⑤穿孔后手动清除熔渣后切割，如果熔渣黏附板材不牢稍微触碰就可以去除，那么可以使用预穿孔，待所有孔穿完后暂停，手动刮掉熔渣后再进行切割，注意刮渣时不要移动板材位置。

项目5　碳钢的切割

一、1—5　C　B　A　D　D

二、1—5　√　√　√　×　×

三、1. 可能造成无法切割，火花四溅；有些区域可以切断，但有些区域不能切断；切割面较粗糙；切割面呈现斜条纹路，下半部分产生熔渣。

2. 导致切割板材过熔，切割断面较粗糙；割缝会相应变宽，造成较小圆角或者尖角部位熔化，得不到理想的切割效果；切割效率低，影响生产能力。

3. 对切割断面的影响：容易出现对侧面切割效果不一致，有时会无法正常切割。对尖角的影响：容易产生过熔现象，对于厚板，则可能无法正常切割尖角部分。对穿孔的影响：穿孔不稳定，穿透条件不易掌握，对于厚板，可能会出现过熔现象。

4. (1) 氧气切割碳钢：

①割缝较宽。氧气切割碳钢过程中，大部分切割所需能量来自铁的氧化反应，而使用正焦点切割也导致激光落在板材上的光斑较大，割缝相对来说会比较宽。

②断面发黑。切割过程中会产生大量的黑色氧化物附着在切割断面，由于致密性不高，断面的氧化层容易脱落。

③断面光滑。切割过程中使用的气压较低，不会过度挤压断面，氧气参与燃烧反应能使切割面比较光滑且下表面质量良好。

(2) 氮气切割碳钢：

①割缝较细。氮气切割碳钢过程中，氮气不参与反应，激光本身光斑也很小，因此割缝较细。若碳钢厚度增加，为了便于排出熔化的熔渣，割缝也会相应变宽，但不会宽于同样厚度氧气切割碳钢的宽度。

②断面泛白。切割过程中氮气作为保护气体，形成无氧化切割。断面普遍泛白，

呈现出铁的本色。

③断面粗糙。氮气切割碳钢时，主要依靠激光能量作用于材料，使碳钢熔化，再辅以高压氮气吹渣，因为氮气压力较高，切割断面一般较粗糙。

（3）空气切割碳钢：

①断面发黑。空气中含有氧气，切割过程中氧气会和材料反应产生氧化物，同时其他惰性气体也会形成一层保护膜影响氧化反应，最终会导致断面颜色发黑。由于氧化物不会太多，发黑程度低于氧气切割。

②断面粗糙。空气切割碳钢时，主要依靠激光能量作用于材料，使碳钢熔化，再辅以高压气体吹渣，因为气体压力较高，切割断面一般较粗糙。

③切割成本较低。使用空压机制造高纯高压空气的成本相对较低（相比氧气和高纯氮气），主要成本是空压机电费及冷干机、过滤器滤芯耗材等。

项目6　不锈钢的切割

一、1—4　D　A　D　B

二、1—5　√　×　√　√　×

三、1. ①激光加工条件。保护膜受到激光照射，其边缘黏合剂的黏结强度会因加热而显著降低，从而为保护膜剥离创造了条件。

②保护膜本身。若保护膜与不锈钢材料的黏合性低，则激光作用产生的热量会使保护膜收缩，边缘剥离；再加上辅助气体以边缘为突破口，从保护膜与材料间隙中侵入，将引起保护膜大面积剥离。

2. 氮气切割过程中氮气作为辅助气体不参与反应，不锈钢不会被氧化，加工断面颜色与不锈钢原色一致。氮气切割的切割成本较高。

空气主要成分是氮气和氧气，因此使用高压空气作为辅助气体进行激光切割，空气不仅会喷吹熔融的材料，也会参与材料的反应。使用高压空气作为辅助气体，切割断面部分氧化，呈现发黄或者轻微发黑现象。空气切割成本较低。

项目7　铝合金的切割

一、1. 割缝窄　热影响区小　效率高　切边无机械应力

2. 负焦点　正焦点脉冲

3. 空气　氧化物

二、1—3　√　×　×

三、1. 使用空气作为辅助气体进行切割时，氧气的存在使得切割断面必然要发生氧化反应，但因同时存在大量氮气，且氧气带来的氧化反应又不足以增强热量传递，所以切割能力不会提高，可以认为空气切割的效果介于氮气切割和氧气切割之间。空气切割的成本非常低，主要是空压机为提供空气而消耗的电力成本，以及空气管路中消耗滤芯的成本。空气切割过程中产生的氧化物，能提高材料的吸收效率，同时可以减少切割毛刺。如果使用氮气切割，毛刺反而较大。

2. ①使用空气作为辅助气体进行切割。空气切割铝合金的原理是依靠激光的能量把铝合金熔化，利用高气压吹走熔融物，期间部分物质会氧化或者燃烧，在切面上形成氧化铝。氧化铝可以提高材料对激光束的吸收率，从而能更好地切割铝合金。

②切割前对铝合金进行预加工。在编辑加工程序时，设置先标刻再切割的加工路径。在机床加工时，就会先使用较低功率对所有切割路径进行一遍标刻处理，再使用正常功率开始切割。这样可以先把材料表面加工路径上的氧化皮熔化去除，避免了因为热传导不均导致的切割面粗糙。

项目 8　铜材料的切割

一、1. 导电性　导热性　延展性　耐腐蚀性　耐磨性

2. 高反材料　极低

3. 负焦点

4. 氮气　黄色　同等厚度不锈钢　切不透

二、1—3　×　√　×

三、1. 紫铜具有良好的热传导性能，激光束照射在板材表面的热量传导散热快，再加上紫铜的高反属性，因此切割紫铜时使用氮气难度较大，因此需要使用高压氧气进行切割。氧气在切割过程中与铜生成氧化物，可增强切割能力。

2. 紫铜切割与黄铜相似，使用同类型喷嘴，采用负焦点切割，注意辅助切割气体要改为高压氧气。一般情况下，大部分激光切割机的氧气管道并不适合高压氧，高压会造成爆管。因此在切割紫铜时需要更改氧气管道。在切割速度较慢的情况下，紫铜的切割断面比较黑，若采用适中的速度切割稍厚一点的紫铜，则一般切割底部会出现挂渣现象，但是挂渣容易去除。

参考文献

[1] 叶建斌，戴春祥. 激光切割技术 [M]. 上海：上海科学技术出版社，2012.

[2] 顾波. 激光加工技术及产业的现状与应用发展趋势 [J]. 金属加工（热加工），2020 (10)：37-42.

[3] 邓树森. 我国激光加工产业的兴起与腾飞 [J]. 新材料产业，2008 (06)：44-47.

[4] 胡兴军，刘向阳. 激光切割的基本原理及新进展 [J]. 苏南科技开发，2004 (11)：42-43.

[5] 邓树森. 我国激光加工产业现状及市场展望 [J]. 光机电信息，2007 (02)：19-22.

[6] 关振中. 激光加工工艺手册 [M]. 北京：中国计量出版社，1998.

[7] 孙晓东，王松，赵凯华，等. 激光切割技术国内外研究现状 [J]. 热加工工艺，2012，41 (09)：214-216.

[8] 叶畅，季进军，刘利宏，等. 激光切割系统性能对切割质量的影响研究 [J]. 制造技术与机床，2012 (10)：37-39.

[9] 金冈优. 图解激光加工实用技术加工操作要领与问题解决方案 [M]. 北京：冶金工业出版社，2013.

[10] 庄海洋. 钣金件激光切割质量控制方法分析 [J]. 中国设备工程，2019 (18)：163-164.

[11] 郑芳，毛军明，梁红波. 激光切割在机车钢结构件制造中的应用 [J]. 电力机车与城轨车辆，2008 (02)：37-38.

[12] 陈鹤鸣，赵新彦，汪静丽. 激光原理及应用 [M]. 3 版. 北京：电子工业出版社，2017.

[13] 胡关虎. 激光熔化切割中切面上部条纹形成机理的分析 [D]. 上海：上海交通大学，2013.

[14] 张小伟. 光纤激光切割低碳钢板切口质量研究 [D]. 湖北：华中科技大学，2009.